U0304271

食品检测与质量控制研究

张力伟　都　芸　杨淑宏◎著

吉林科学技术出版社

图书在版编目（CIP）数据

食品检测与质量控制研究 / 张力伟，都芸，杨淑宏著. -- 长春 : 吉林科学技术出版社，2022.9
ISBN 978-7-5578-9842-7

Ⅰ. ①食… Ⅱ. ①张… ②都… ③杨… Ⅲ. ①食品检验－研究②食品－质量控制－研究 Ⅳ. ①S207

中国版本图书馆 CIP 数据核字(2022)第 184367 号

食品检测与质量控制研究

SHIPIN JIANCE YU ZHILIANG KONGZHI YANJIU

作　　者　张力伟　都　芸　杨淑宏
出 版 人　宛　霞
责任编辑　张伟泽
幅面尺寸　185mm×260mm
开　　本　16
字　　数　272 千字
印　　张　12
版　　次　2023 年 5 月第 1 版
印　　次　2023 年 5 月第 1 次印刷

出　　版　吉林科学技术出版社
发　　行　吉林科学技术出版社
地　　址　长春市净月区福祉大路 5788 号
邮　　编　130118
发行部电话/传真　0431-81629529　81629530　81629531
81629532　81629533　81629534
储运部电话　0431-86059116
编辑部电话　0431-81629518
印　　刷　北京四海锦诚印刷技术有限公司

书　　号　ISBN 978-7-5578-9842-7
定　　价　60.00 元

前言

随着现代食品分析检测技术的拓展，不仅需要食品理化分析和食品卫生学检验人才，还需要食品安全、食品保健功能的检测人才。食品质量与安全是食品科学与预防医学的重要组成部分，是连接食品与预防医学的重要桥梁。食品工业的发展直接关系到国计民生，也是衡量一个国家、一个民族经济发展水平和人民生活质量的重要标志。我国食品工业快速发展的势头已成为国民经济发展中增长最快、最具活力的产业之一，对提高城乡居民生活水平、推动相关产业发展、扩大就业、带动农民增收等具有重要作用。食品工业的发展离不开优秀专业人才的支撑，这些人才既需要具备现代的专业知识、理念和素质，熟悉食品行业的生产技术、管理方法和手段，又要具备较强的实践操作能力和创新能力。

为了保证食品安全，保护人们身体健康免受损害，快捷、高效、准确的检测技术手段是必不可少的。食品质量安全检测技术发展至今，已成为全面推进食品生产企业进步的重要组成部分。本书对食品分析及安全检测技术进行了研究，从食品分析检测的基本理论出发，重点讲述了食品采样与样品处理、食品一般成分的分析检测、食品中添加剂的安全检测技术以及食品中微生物的检测。同时也介绍了食品质量管理与安全控制的基本概念和原理，内容简明扼要、重点突出、条理清晰。本书内容系统、翔实，较好地融合了食品检测与食品质量控制，充分体现了食品安全管理原理在食品领域中的应用。

本书主要适用于从事食品营养与检测、食品生物技术等工作的技术人员以及其他相关工作者。本书参考了大量的文献资料，在此对相关作者表示衷心的感谢。食品安全问题涉及面广，内容和要求变化快，加之编写者个人水平有限，书中难免会有疏漏和不足之处，恳请广大读者批评指正，谢谢！

目 录

第一章 食品检测的基本概述

第一节 食品分析检测的性质、任务、作用和内容

一、食品分析检测的性质与作用

食品分析检测是一门研究和评定食品品质及其变化和卫生状况的学科，是运用感官的、物理的、化学的和仪器分析的基本理论和技术，对食品（包括食品的原料、辅料、半成品、成品和包装材料等）的组成成分、感官特性、理化性质和卫生状况进行分析检测，研究检测原理、检测技术和检测方法的应用型学科。食品分析检测是食品科学的重要分支，具有较强的技术性和实践性。

食品分析检测是食品工业生产和食品科学研究的“眼睛”和“参谋”，是不可缺少的手段，在保证食品的营养卫生，防止食物中毒及食源性疾病，确保食品的品质及食用的安全，研究食品化学性污染的来源、途径，以及控制污染等方面都有着十分重要的意义。

食品是人类最基本的生活物质，是维持人类生命和身体健康不可缺少的能量源和营养源。食品的品质直接关系到人类的健康及生活质量。随着我国食品工业和食品科学技术的发展，以及对外贸易的需要，食品分析与检验工作已经提高到一个极其重要的地位，特别是为了保证食品的品质，执行国家的食品法规和管理办法，做好食品卫生监督工作，开展食品科学技术研究，寻找食品污染的根源，人们更需要对食品进行各种有效营养物质和对人体有害、有毒物质的分析与检验。随着预防医学和卫生检验学的不断发展，食品分析检测在确保食品安全和保护人们健康中将发挥更加重要的作用。

二、食品分析检测的任务

食品分析检测工作是食品质量管理过程中的一个重要环节，在确保原材料质量方面起着保障作用，在生产过程中起着监控作用，在最终产品检验方面起着监督和标示作用。食品分析与检验贯穿于产品开发、研制、生产和销售的全过程。

1. 根据制定的技术标准，运用现代科学技术和检测手段，对食品生产的原料、辅助材料、半成品、包装材料及成品进行分析与检验，从而对食品的品质、营养、安全与卫生进

行评定，保证食品质量符合食品标准的要求。

2. 对食品生产工艺参数、工艺流程进行监控，确定工艺参数、工艺要求，掌握生产情况，以确保食品的质量，从而指导与控制生产工艺过程。

3. 为食品生产企业的成本核算、制订生产计划提供基本数据。

4. 开发新的食品资源，提高食品质量以及寻找食品的污染来源，使广大消费者获得美味可口、营养丰富和经济、卫生的食品，为食品生产新工艺和新技术的研究及应用提供依据。

5. 检验机构根据政府质量监督行政部门的要求，对生产企业的产品或上市的商品进行检验，为政府管理部门对食品品质进行宏观监控提供依据。

6. 当发生产品质量纠纷时，第三方检验机构根据解决纠纷的有关机构（包括法院、仲裁委员会、质量管理行政部门及民间调解组织等）的委托，对有争议产品做出仲裁检验，为有关机构解决产品质量纠纷提供技术依据。

7. 在进出口贸易中，根据国际标准、国家标准和合同规定，对进出口食品进行检测，保证进出口食品的质量，维护国家出口信誉。

8. 当发生食物中毒事件时，检验机构对残留食物做出仲裁检验，为事情的调查及解决提供技术依据。

三、食品分析检测的内容

食品的种类多、成分复杂，检验目的不同，检验项目也各异，有的侧重于营养成分的检测，有的侧重于有毒有害物质的检测，因此，食品检验的范围很广。但食品的品质评价通常从感官、营养及卫生 3 方面来进行，食品分析与检验的内容也围绕着这 3 个方面进行。

（一）食品的感官检验技术

食品的感官检验主要是依靠检验者的感觉器官对食品的色泽、气味、滋味、质地、口感、形状和组织结构等质量特性和卫生状况进行判定和客观评价。感官检验具有简便易行、快速灵敏、不需要特殊器材等特点，是一种直接、快速而且十分有效的检验方法。通过对食品的感官检验，不仅能对食品的嗜好性做出评价，对食品的其他品质也可做出判断。有时食品的感官检验还可鉴别出精密仪器难以检出的食品的轻微劣变。因此在食品分析与检测技术中，感官检验占有很重要的地位。

（二）食品的理化检验技术

食品理化检验主要是利用物理、化学以及仪器等分析方法对食品中的各种营养成分（如水分、碳水化合物、脂肪、蛋白质、氨基酸、维生素、无机盐等）、添加剂、有毒有害物质等进行检验。

对营养成分的检验可以指导人们合理配膳，保证满足人体对各种营养成分的需要，指导食品工艺配方的确定等。

食品添加剂是指在食品生产、加工或保存过程中，为增强食品的色、香、味或为防止食品腐败变质而添加的物质。食品添加剂多是化学合成的物质，如果使用的品种或数量不当，将会影响食品的质量，甚至危害食用者的健康。因此，对食品添加剂的检测和控制具有十分重要的意义。

食品在生产、加工、包装、运输、贮藏、销售等各个环节中，常会引入、产生或污染某些对人体有害的物质，如农药残留、重金属、亚硝胺、3，4–苯并［a］芘等，严重影响食品安全与人体健康。因此，对食品中有毒有害物质的检验具有更加重要的意义。

（三）食品的微生物检验技术

微生物广泛地分布于自然界中。绝大多数微生物对人类是有益的，有些甚至是必需的，但有些微生物会造成食品腐败变质，病原微生物还会致病。因此，为客观揭示食品的卫生情况，保障食品安全，必须对食品微生物指标进行检验。

第二节 食品检测与分析的方法

食品分析的方法随着分析技术的发展不断进步。食品分析的特征在于样品是食品，对样品的预处理为食品分析的首要步骤，如何将其他学科的分析手段应用于食品样品的分析是食品分析学科要研究的内容。根据食品分析的指标和内容，通常有感官分析法、化学分析法、仪器分析法、微生物分析法和酶分析法等食品分析方法。

一、感官分析法

食品感官分析法集心理学、生理学、统计学知识于一体。食品感官分析法通过评价员的视觉、嗅觉、味觉、听觉和触觉活动得到结论，其应用范围包括食品的评比、消费者的选择、新产品的开发，更重要的是消费者对食品的享受。

食品感官分析法已发展成为感官科学的一个重要分支，且相关的仪器研发也有很大进展，本章节中不专门讨论。需要时，可参考相关专门书籍。

二、化学分析法

以物质的化学反应为基础的分析方法称为化学分析法，它是比较古老的分析方法，常被称为“经典分析法”。化学分析法主要包括重量分析法和滴定分析法，以及试样的处理和一些分离、富集、掩蔽等化学手段。化学分析法是分析化学科学重要的分支，由化学分析演变出了后来的仪器分析法。

化学分析法通常用于测定相对含量在1%以上的常量组分，准确度高（相对误差为0.1% ~ 0.2%），所用仪器设备简单，如天平、滴定管等，是解决常量分析问题的有效手段。随着科学技术发展，化学分析法向着自动化、智能化、一体化、在线化的方向发展，可以与仪器分析紧密结合，应用于许多实际生产领域。

（一）重量分析

根据物质的化学性质，选择合适的化学反应，将被测组分转化为一种组成固定的沉淀或气体形式，通过纯化、干燥、灼烧或吸收剂吸收等处理后，精确称量，求出被测组分的含量，这种方法称为重量分析法。

（二）滴定分析

是将一种已知准确浓度的试剂溶液，滴加到被测物质的溶液中，直到所加的试剂与被测物质按化学计量定量反应为止，根据试剂溶液的浓度和消耗的体积，计算被测物质的含量。当加入滴定液中物质的量与被测物质的量定量反应完成时，反应达到计量点。在滴定过程中，指示剂发生颜色变化的转变点称为滴定终点。滴定终点与计量点不一定完全一致，由此所造成的分析误差叫作滴定误差。

适合滴定分析的化学反应应该具备以下条件：

①反应必须按方程式定量完成，通常要求在99.9%以上，这是定量计算的基础；

②反应能够迅速完成（有时可加热或用催化剂以加速反应）；

③共存物质不干扰主要反应，或可用适当的方法消除其干扰；

④有比较简便的方法确定计量点（指示滴定终点）。

滴定分析法有以下2种。

第一，直接滴定法：用滴定液直接滴定待测物质，以达终点。

第二，间接滴定法：直接滴定有困难时常采用以下2种间接滴定法来滴定。

①置换法：利用适当的试剂与被测物反应产生被测物的置换物，然后用滴定液滴定置换物。

②回滴定法（剩余滴定法）：用已知的过量的滴定液和被测物反应完全后，再用另一种滴定液滴定剩余的前一种滴定液。

根据数量的多少，化学分析有定性和定量分析 2 种，一般情况下食品中的成分及来源已知，不需要做定性分析。化学分析法能够分析食品中的大多数化学成分。

三、仪器分析法

仪器分析法是利用能直接或间接表征物质的特性（如物理、化学、生理性质等）的实验现象，通过探头或传感器、放大器、转化器等转变成人可直接感受的已认识的关于物质成分、含量、分布或结构等信息的分析方法。通常测量光、电、磁、声、热等物理量而得到分析结果。

仪器分析法又称为物理和物理化学分析法，实质上是物理和物理化学分析。根据被测物质的某些物理特性（如光学、热量、电化、色谱、放射等）与组分之间的关系，不经化学反应直接进行鉴定或测定的分析方法，叫作物理分析法。根据被测物质在化学变化中的某种物理性质和组分之间的关系进行鉴定或测定的分析方法，叫作物理化学分析方法。进行物理或物理化学分析时，大都需要精密仪器进行测试，故此类分析方法叫作仪器分析法。

仪器分析的一般分类如图 1-1 所示，这些方法在食品分析中都有着广泛的应用。

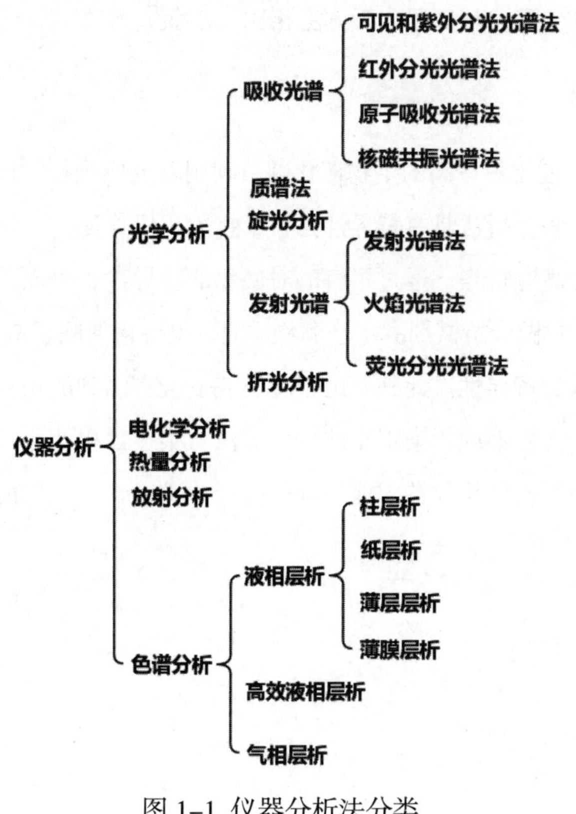

图 1-1　仪器分析法分类

与化学分析相比，仪器分析灵敏度高，检出限量可降低，如样品用量由化学分析的mg、mL级降低到仪器分析的μg、μL级或ng、nL级，甚至更低，适合于微量、痕量和超痕量成分的测定；选择性好，很多的仪器分析方法可以通过选择或调整测定的条件，使共存的组分测定时，相互间不产生干扰；操作简便，分析速度快，容易实现自动化。

仪器分析是在化学分析的基础上进行的，如试样的溶解，干扰物质的分离等，都是化学分析的基本步骤。同时，仪器分析大都需要化学纯品做标准，而这些化学纯品的成分，大多需要化学分析方法来确定。因此，化学分析法和仪器分析法是相辅相成的。另外，仪器分析法所用的仪器往往比较复杂、昂贵，操作者须进行专门培训。

四、微生物分析法

基于某些微生物生长所需特定物质或成分进行分析的方法称为微生物分析法，其测定结果反映了样品中具有生物活性的被测物含量。微生物分析法广泛用于食品中维生素、抗生素残留和激素残留等成分的分析，特点是反应条件温和，准确度高，试验仪器投入成本低。但它仍旧逐渐被其他方法所取代，因为分析周期长和实验步骤烦琐，与目前分析方法简便、快速、高效的发展方向不符。微生物分析法一般需4～6d，而其他方法（HPLC法）一般在1～2d内即可完成；通常微生物分析法需要样品前处理、菌种液的制备、测试管的制备、接种、测定、计算等步骤，与仪器分析方法相比，步骤繁多。

五、酶分析法

酶是专一性强、催化效率高的生物催化剂。利用酶反应进行物质组成定性定量分析的方法称为酶分析法。酶分析法具有特异性强、干扰少、操作简便、样品和试剂用量少、测定快速精确、灵敏度高等特点。通过了解酶对底物的特异性，可以预料可能发生的干扰反应并设法纠正。在以酶做分析试剂测定非酶物质时，也可用偶联反应，偶联反应的特异性，可以增加反应全过程的特异性。此外，由于酶反应一般在温和的条件下进行，不须使用强酸强碱，因此是一种无污染或污染很小的分析方法。很多需要使用气相色谱仪、高压液相色谱仪等贵重的大型精密分析仪器才能完成的分析检验工作，应用酶分析方法即可简便快速进行。

第三节 食品质量标准

目前，对于食品生产的原辅料及最终产品已经制定出相应的国际和国内标准，并且在不断地改进和改善。

根据使用范围的不同，食品质量标准可分为如下几类。

一、国内标准

我国现行食品质量标准按效力或标准的权限分为国家标准、行业标准、地方标准和企业标准。每级产品标准对产品的质量、规格和检验方法都有规定。

（一）国家标准

国家标准是全国食品工业必须共同遵守的统一标准，由国务院标准化行政主管部门制定，是国内四级标准体系中的主体，其他各级标准均不得与之相抵触。

国家标准又可分为强制性国家标准和推荐性国家标准。强制性标准是国家通过法律的形式，明确要求对于一些标准所规定的技术内容和要求必须执行，不允许以任何理由或方式违反和变更，对违反强制性标准的，国家将依法追究当事人的法律责任。强制性国家标准的代号为“GB”。推荐性国家标准是国家鼓励自愿采用的具有指导作用而又不宜强制执行的标准，即标准所规定的技术内容和要求具有普遍的指导作用，允许使用单位结合自己的实际情况灵活选用。推荐性国家标准的代号为“GB/T”。

（二）行业标准

行业标准是针对没有国家标准而又需要在全国食品行业范围内统一的技术要求而制定的。行业标准由国务院有关行政主管部门制定并发布，并报国务院标准化行政主管部门备案。行业标准是对国家标准的补充，是专业性、技术性较强的标准。在公布相应的国家标准之后，该项行业标准即行废止。

行业性标准也分强制性行业标准和推荐性行业标准。行业标准的代号，依行业的不同而有所区别，国务院标准化行政管理部门已规定了 28 个行业标准代号，如与食品工业相关的轻工业行业，强制性行业标准代号为“QB”，推荐性行业标准代号为“QB/T”。

（三）地方标准

地方标准是指对没有国家标准和行业标准，而又需要在省、自治区、直辖市范围内统一食品工业产品的安全、卫生要求而制定的标准。地方标准由省、自治区、直辖市标准化行政主管部门制定，并报国务院标准化行政主管部门和国务院有关行政主管部门备案。在公布国家标准或者行业标准之后，该项地方标准即行废止。强制性地方标准的代号为“DB/地方标准代号”。

（四）企业标准

企业标准是企业所制定的标准，以此作为组织生产的依据。企业的产品标准须报当地政府标准化行政主管部门和有关行政主管部门备案。已有国家标准或行业标准的，国家鼓励企业制定严于国家标准或行业标准的企业标准，在企业内部使用。企业标准代号为“Q”，某企业的企业标准代号为“QB/企业代号”，企业代号可由汉语拼音字母或阿拉伯数字组成。

二、国际标准

（一）CAC标准

国际食品法典是由国际食品法典委员会（Codex Alimentarius Commission，CAC）组织制定的食品标准、准则和建议，是国际食品贸易中必须遵循的基本规则。CAC是联合国粮农组织（FAO）和世界卫生组织（WHO）于1962年建立的协调各国政府间食品标准的国际组织，旨在通过建立国际政府组织之间以及非政府组织之间协调一致的农产品和食品标准体系，用于保护全球消费者的健康，促进国际农产品以及食品的公平贸易，协调制定国际食品法典。CAC现有的包括中国在内的173个成员国，覆盖区域占全球人口的99%。食品法典体系让所有成员国都有机会参与国际食品、农产品标准的制修订和协调工作。目前，CAC标准已成为全球消费者、食品生产和加工者、各国食品管理机构和国际食品贸易重要的参照标准，也是世界贸易组织认可的国际贸易仲裁依据。CAC标准现已成为进入国际市场的通行证。

CAC标准主要包括食品/农产品的产品标准、卫生或技术规范、农药/兽药残留限量标准、污染物准则、食品添加剂的评价标准等，CAC系列标准已对食品生产加工者以及最终消费者的观念意识产生了巨大影响。食品生产者通过CAC国际标准来确保其在全球市场上的公平竞争地位；法规制定者和执行者将CAC标准作为其决策参考，制定政策改善和确保国内及进口食品的安全、卫生；采用了国际通用的CAC标准的食品和农产品能够增加消费者的信任，从而赢得更大的市场份额。

（二）AOAC 标准

国际官方分析化学家（AOAC）协会成立于1884年，为非营利性质的国际化行业协会。AOAC被公认为全球分析方法校核（有效性评价）的领导者，它提供用以支持实验室质量保证（QA）的产品和服务。AOAC在方法校核方面有长达100多年的经验，并为药品、食品行业提供了大量可靠、先进的分析方法，目前已被越来越多的国家所采用，作为标准方法。在现有AOAC方法库中存有2800多种经过认证的分析方法，均被作为世界公认的官方“金标准”。在长期的实践过程中，AOAC于全球范围内同官方或非官方科学研究机构建立了广泛的合作和联系，在分析方法的认证和合作研究方面起到了总协调的作用。AOAC下属设立了11个方法委员会，分别从事食物、饮料、药品、农产品、环境、卫生、毒物残留等方面的方法学研究、考察和认证。

第四节　食品检测的发展趋势

随着科学技术的快速发展，特别是在21世纪，食品分析检测采用的各种分离、分析技术和方法得到了不断完善和更新，许多高灵敏度、高分辨率的分析仪器已经越来越多地应用于食品理化检验中。目前，在保证检测结果的精密度和准确度的前提下，食品分析与检测正朝着微量、快速、自动化的方向发展。

近年来，许多先进的仪器分析方法，如气相色谱法、高效液相色谱法、原子吸收光谱法、毛细管电泳法、紫外－可见分光光度法、荧光分光光度法以及电化学方法等已经在食品理化检验中得到了广泛应用。在我国的食品卫生标准检验方法中，仪器分析方法所占的比例也越来越大。样品的前处理方面采用了许多新颖的分离技术，如固相萃取、固相微萃取、加压溶剂萃取、超临界萃取以及微波消化等，较常规的前处理方法省时、省事，分离效率高。

现代食品分析与检测技术更加注重实用性和精确性，食品检测分析仪器是食品分析与检测技术的重要载体，其实用性主要体现在：食品分析仪器从大型化向小型化、微型化发展；分析仪器低能耗化；分析仪器功能专用化；分析仪器多维化，即分析仪器联用技术（是将2种以上的分析仪器连接使用，以取长补短，充分发挥各自的优点）；分析仪器一体化，即形成一个从取样开始，包括预浓集、分离、测定、数据处理等工序一体化的系统；成像化，即为了改变分析仪器以信号形式提供间接信息，须用标准物质进行校正，直观地成像。

近年来，多种仪器联用技术已经用于食品中微量甚至痕量有机污染物以及多种有害元素等的同时检测，如动物性食品中的多氯联苯、酱油及调味品中的氯丙醇、油炸食品中的多环芳烃和丙烯酰胺等的检测。

随着计算机技术的发展和普及，分析仪器自动化也成为食品理化检测的重要发展方向之一。自动化和智能化的分析仪器可以进行检验程序的设计、优化和控制、实验数据的采集和处理，使检验工作大大简化，并能处理大量的例行检验样品。例如，蛋白质自动分析仪等可以在线进行食品样品的消化和测定。测定食品营养成分时，可以采用近红外自动测定仪，样品不须进行预处理，直接进样，通过计算机系统即可迅速给出食品中蛋白质、氨基酸、脂肪、碳水化合物、水分等成分的含量。装载了自动进样装置的大型分析仪器，可以昼夜自动完成检验任务。

近年来发展起来的多学科交叉技术——微全分析系统——可以实现化学反应、分离检测的整体微型化、高通量和自动化。过去需要在实验室中花费大量样品、试剂和长时间才能完成的分析检测，现在在几平方厘米的芯片上仅用微升或纳升级的样品和试剂，以很短的时间（数十秒或数分钟）即可完成大量的检测工作。目前，DNA 芯片技术已经用于转基因食品的检测，以激光诱导荧光检测——毛细管电泳分离为核心的微流控芯片技术也将在食品理化检验中逐步得到应用，将会大大缩短分析时间和减少试剂用量，成为低消耗、低污染、低成本的绿色检验方法。

随着分析科学的不断发展，现代食品检测方法与技术也不断改进，计算机视觉技术、现代仪器分析技术、电子传感检测技术、生物传感技术、核酸探针检测技术、PCR 基因扩增技术，以及免疫学检测技术等的应用，将为食品营养和食品安全的检测提供更加灵敏、快速、可靠的现代分离、分析技术。

第二章 食品采样与预处理

第一节 食品采样

一、采样的目的和用途

食品采样是从整体食品中取出能代表其整体食品样品的过程，它是一种监督手段，以此进行食品卫生监督管理，所以食品采样是食品卫生检验人员必须掌握的一项基本技术。

食品采样的目的是通过对采集的样品进行感官检查和实验室检验，判定食品是否存在有害有毒物质和它的种类、性质、含量、来源、作用和危害，以及食品营养成分的种类、含量和变化情况，从而了解食品的卫生质量，做出正确的卫生评价，或者查出某些环节存在的卫生问题，以便进行食品卫生与营养的指导、监督和管理。

食品采样常用于：

①食品生产、卫生管理等部门日常、定期或不定期的检测，一次性检查国产内销或进出口食品及其原料、食品包装材料、食品添加剂、食品消毒等是否符合国家卫生标准；

②新食品投产、新食品资源开发利用，新用于食品的化工产品、新工艺投产卫生鉴定；

③食品卫生标准制定、修订、增订；

④检查鉴定食品卫生、贮存、运输、销售过程中食品卫生质量变化情况，尤其是为查明某一污染食品的原因、途径和环节时，对食品从原料到成品生产全过程或流通各环节进行一次或数次追踪采样检验。

二、采样工具和容器

（一）采样工具

食品采样用的工具很多，从一般常用工具到特殊工具，要求所有的工具在采样前均应清洗干净，并保持干燥，做微生物检验所用的采样工具应灭菌后使用。

1. 一般常用工具

食品采样常用的工具有钳子、螺丝刀、小刀、剪子、罐头及瓶盖开启器、手电筒、蜡笔、圆珠笔、胶布、记录本、照相机等。钳子、螺丝刀、小刀可用于开启较小的包装容器；对大的外包装还要有专门的开箱器；蜡笔、圆珠笔、胶布、记录本做采样编号及记录用。

2. 专用工具

①长柄勺：用于散装液体样品采样，长柄勺柄的长度要求能采到样品深处，表面要求光滑，便于清洗消毒，并能抗酸、抗碱、耐腐蚀，一般选用不锈钢制品较好。

②玻璃或金属采样管：适用于深型桶装的液体食品采样，可用内径 1.5 ~ 2.0cm、长 100 ~ 120cm 的硬质玻璃或不锈钢管。管的两头口端光滑无缺口，一头束口，直径 1cm，采样时先用拇指封闭管上端束口，将管子放入桶内一定位置，松开封口拇指，待样品充满管后，用拇指或胶塞压紧上端束口，使液体不致流下，取出管子放开拇指或胶塞，将样品放入采样容器。

③金属探管和金属探子：适用于采集袋装的颗粒或粉末状食品。

金属探管：适用于布袋粉末状食品采样。为一根金属管子，长 50 ~ 100cm，直径 1.5 ~ 2.5cm，一端尖头，另一端为柄，管上有一道开口槽，从尖端直到柄。采样时，管子槽口向下，插入布袋后将管子槽口向上，使粉末状样品从槽口进入管内，拔出管子将样品装入采样容器内。

有些样品（如乳粉、蛋粉等），为了避免在采样时受到污染，或为了采集到容器内各平面的代表性样品，可使用双层套管，双层套管采样器由内外套筒的两根管子组成。每隔一定距离，两管上有互相吻合的槽口，外管有尖端，以便全管插入样品袋子。插入时将孔关闭，插入后旋转内管将槽口打开，以便样品进入采样管槽内，再旋转内管关闭槽口，将采样管拔出，用小匙自管的上、中、下部收取样品装入采样容器内。

金属探子：适用于布袋颗粒性食品采样，如粮食、白砂糖等。为一锥形管子，一头尖，便于插入袋内。采样时，将尖端插入袋内，颗粒性样品从中间空心地方进入，经管子宽口的一端流出。

④采样铲：适用于散装食品、豆类或袋装的较大颗粒食品（如薯片、花生、蚕豆等）。可将口袋剪开，用采样铲采样。

⑤其他：长柄匙、半圆形金属管用于半固体食品采样；电钻（或手摇钻）及钻头、小斧、凿子等适用于冻结的冰蛋、肉与肉制品等；当采取桶装液体样品时，如用玻璃棒不易拌匀，可选用一些特制搅拌器，如乳搅拌器、油类食品搅拌器等。

（二）采样容器

采样容器应当按照以下几条原则选择。

①盛装样品的容器应密封，内壁光滑、清洁、干燥，不应含有待检物质及干扰物质，容器和盖、塞必须不影响样品的气味、风味、pH 值及食物成分。

②盛装液体或半液体的样品容器，应用防水防油材料构成，常用带塞玻璃瓶、带塞广口瓶、塑料瓶等。

③盛装固体或半固体样品的容器可用广口玻璃瓶，不锈钢、铝、搪瓷等制品和塑料袋等。

④在采集粮食等大宗食品时，应准备四方搪瓷盘供现场分样品用，分出的粮食样品装入小布袋或塑料袋中。在现场检查面粉，可用金属筛选，检查有无昆虫或其他机械杂质等。

⑤酒类、油类样品不应用橡胶瓶塞，也不宜用塑料容器盛装，酸性食品不宜用金属容器盛装，测农药用的样品不宜用塑料袋或塑料容器盛装。黄油不能与任何吸水、吸油的表面接触。以上食品样品适宜用带玻璃塞的玻璃瓶装。欲测微量金属离子的样品，由于玻璃容器的吸附性较强，宜用塑料容器。

三、样品分类

在采集食品样本时，可根据不同的采样目的，将样品分为三大类。

（一）客观样品

客观样品是在日常监督检验过程中，定期或不定期随机抽查生产单位或销售单位的食品卫生状况，所采集的样品能客观地反映该单位食品卫生质量水平。通过日常检验，可发现生产企业或销售部门存在的问题和不合格食品。

（二）选择性样品

在食品中发现某些不合格的食品，对针对的问题，有选择地采集一些样品。属于这类样品的有以下几种情况：

①可疑不合格食品及食品原料；

②可疑的污染源，包括盛装食品的容器、设备、餐具、包装材料、运输工具、工作人员的手等；

③发生食物中毒的剩余食品以及病人的呕吐物、排泄物、血液等；

④已受污染的食品或食品原料；

⑤群众揭发不符合卫生要求或掺杂使假的食品。

（三）制定食品卫生标准的样品

为制定某种食品卫生标准，选择在较为先进的具有代表性的生产工艺条件下进行采样。

四、采样方法

不论用何种方法采样，所采样品都要有充分的代表性，样品要能够代表该批食品的实际情况，采集的样品要保持它的洁净和完整。

（一）一般采样

1. 现场调查

①采样前必须了解该批食品的原料来源、加工方法、运输保藏条件、销售等各环节的卫生状况、生产日期、批号、规格等。

②外地运入的食品要审查有关该批食品的所有证件，包括商标、运货单、质量检查证明书、兽医卫生检疫证明书、商品检验机构或卫生防疫机构的检验报告单。

2. 感官检查

观察整批食品的外观情况，有包装的食品要检查包装物有无破损、变形、受污染，未经包装的食品要检查食品的外观有无发霉、变质、虫害、污染等。

3. 选择性采样

发现包装不良或已受污染的样品应将包装物打开，打开包装后如果发现食品不同样或有可疑的食品时，应将这些食品按感官性质的不同及污染程度的轻重分别采样。

4. 样品的代表性

采样时，要注意所取样品的代表性，并设法保持样品原有的真实性，在送检前不发生任何质量的变化。

5. 采样记录

进行选择性采样时，要注意做好采样记录，记录内容包括食品名称、生产厂名、生产日期、产品批号、产品数量、包装类型及规格、运输贮存情况、该批食品的现状、包装有无破损或受污染、现场开包做感官检查等情况的详细记录。

6. 采样收据

采样完毕，先将采样货物整理好，然后填写采样收据，一式两份，一份交被采样单位（货主），一份采样单位保存（卫检部门）。

（二）无菌采样

做微生物学检验时要求无菌采样。无菌采样前，采样工具和容器要严格消毒，采样时要防止外部环境对食品及样品的污染。

1. 采样用具、容器的灭菌

①玻璃吸管、长柄匙、长柄勺等要单个用纸包好或用布袋装好，盛装样品的容器要预先贴好标签编号后单个用纸包好，采样用棉拭子、规格板、生理盐水、滤纸等均应按采样要求分别用纸包好。

②将包好的用具、容具进行灭菌，根据用具性质不同采用不同的灭菌方式。高压蒸汽灭菌要求压力在 103.4kPa，温度 121.5℃，保持 15 ~ 30min，适用于各种耐热物品及器械的灭菌。干热灭菌是利用烤箱温度为 160 ~ 170℃持续 2h，适用于各种玻璃器皿。剪子、镊子和小刀可用煮沸灭菌或使用酒精灯火焰燃烧灭菌。

③消毒好的用具要妥善保存，防止污染。

2. 无菌采样步骤

①采样前，操作人员先用 75% 酒精棉球给手消毒，再将采样用容器开口处周围用火焰燃烧灭菌。

②固体、半固体、粉末状食品可用灭菌的小匙或勺采样，液体食品用灭菌玻璃吸管采样，样品取出后，装入灭菌采样容器内，在酒精灯火焰下燃烧瓶口加盖封口。

③散装液体食品采样前应先用灭菌玻璃棒搅拌均匀或摇匀，有活塞的应先用 75% 酒精棉球将活塞及出口处表面擦拭消毒，然后打开活塞，等样品通过出口流出一些，再用灭菌采样容器取样品，然后在酒精灯火焰下封口。

④为检查生产用具、设备、食具而进行的采样，生产用具、设备可用在酒精灯火焰下燃烧灭菌的小刀（放凉），把其表面沾的污物刮下装入干燥的灭菌容器中送检，将棉拭子抹擦的一端对准灭菌采样容器瓶口剪断并放入容器内，或将预先消毒的滤纸用灭菌生理盐水沾湿，贴附于食具或用具表面，1min 后再用灭菌镊子取出滤纸放入灭菌容器内送检。

3. 无菌采样注意事项

①尽量从未开封的包装内取样，大包装的要从各个部位取有代表性的样品。

②已消毒的采样工具和容器必须在采样时方可打开消毒袋。

③采样时最好两人参加，一人负责采样，另一人协助打开采样瓶和封口。

④为了说明某一工序的卫生状况，可在工序处理前和处理后各取一份样品做对照，例如饮料在灭菌前后取样做细菌培养，证明杀菌效果，再如手工包装前后取样做细菌培养，以证明污染程度。

⑤检验微生物样品要在采样后3h以内送实验室检验，在气温较高的季节送检样品应保存在有隔热材料的采样箱内，箱中放冰块或干冰保存，但应注意勿使冰融化的水污染样品，样品到实验室要立即检查，暂不能检验的要放在冰箱4℃保存；对于瓶装、罐装或小包装袋食品采样时应不开封，直接整瓶、整罐、整袋采样，到实验室后再用酒精棉球消毒瓶口、罐口或袋口，再无菌采样做细菌学检查。

（三）不同样品的采样方法

1. 散装食品

①液体、半液体食品采样：以一池或一缸为一采样单位，每单位采一份样品，采样前，应先检查样品的感官性状，然后将样品搅拌均匀后采样，如果池或缸太大搅拌均匀有困难，可按缸或池的高度等距离分为上、中、下3层，在四角或中央的不同部位每层各取同样量的样品，混合均匀后再取检验样品。流动液体采样，可采用定时定量从输出的管口中装取样品，将数次取样混合后再取检验样品。

②固体食品采样：大量的散装固体食品如粮食和油料，可按堆形和面积大小分区设点或按粮堆高度分层采样。

分区设点：每区面积不超过50m²，各设中心、四角5个点，面积在50～100m²可设2个区，超过100m²设3个区，以此类推。2区界限上的2个点为共有点，如有2个区设8个点，3个区设11个点等，粮堆边缘的点设在距边缘50cm处。采样点定好后，先上后下用金属采样器逐层取样，各点采样数量一致。从各点及各层中采取的样品要做感官检查，感官性状基本上一致的可以混合为一个样品；若感官性状不同，则不要混合，分别盛装。大颗粒的粮食或油料按上述方法设点用采样铲采样。

2. 大包装食品

①液体、半液体食品采样：大包装的液体、半液体食品，一般用铁桶或塑料桶包装，容器不透明，很难看清容器内物质的实际情况，采样前，应先将容器盖打开，用采样管直通容器底部，将液体吸出放入透明的玻璃容器内做现场感官检查，检查液体是否均匀，有无杂质和异味，将检查情况做好记录，然后将这些液体充分搅拌均匀用长柄勺或采样管采样，装入样品容器内混合。

②颗粒状或粉末状的固体样品采样：大批量的粮食、油料、白砂糖等食品，堆积较高，数量较大，应将其分为上、中、下3层，从各层分别用金属探管采样，一般粉末状食品用金属探管采样，颗粒状食品用锥形金属探子采样，大颗粒袋装食品如蚕豆、花生、薯干等将袋口打开，用采样铲采样，每层采样数量一致，从不同方位选取等量的袋数，每袋插入

次数一致，感官性状相同的混合成一份样品，感官性状不同的要分别盛装。

分样：无论用哪种方法采取的样品，当数量较多时，都应充分混合均匀后，用四分法分取平均样品。四分法即将样品倒在平整干净的平面瓷盘或塑料薄膜上，堆成正方形，然后从样品左右两边铲起从上方倒入，再换另一个方向同样操作，反复混合5次，将样品堆成原来的正方形，用分样板在样品上画2条对角线，分成4个三角形，取出其中2个对顶三角形的样品，剩下的样品再按上述方法分取，直至最后剩下的2个三角形的样品接近所需样品重量为止。

3. 小包装食品

各种小包装食品（指每包在500g以下），均可按照每一生产班次或同一批号的产品随机抽取原包装食品3～5包。

五、采样数量

采样数量包括2个方面：一方面是一批货物应采多少份样品；另一方面是一份样品采多少数量。采样数量应根据检验目的和检验项目而定，可根据以下原则。

（一）计划样品的采样数量

做食品卫生质量的专题调查或制定食品卫生标准以及各地区有规定的定期监测项目的采样量，应按照计划规定的采样数量进行采样。

（二）大批货物的采样数量

一般应取该批货物包装数目的平方根数加1，但货物量很大时可根据具体情况决定，通常100包（箱）以下的可按10%抽样，100包（箱）以上的采样包装数不少于12个，但不多于36个，即以12～36个包装内抽取混合样品。

（三）伪劣食品采样数量

已受污染或有明显的违法缺陷的食品采样数量，应先从感官检查上分为严重、中度、轻度3类，分别采取足够数量进行检验，证明污染和违法缺陷食品所占的比例数或包装数有多少，同时采取少量正常食品做对照样品，原则上伪劣食品的采样数量应当加倍。

（四）每份样品采样数量

每份样品所取数量，要根据检验项目而定，最低要求是，每份样品一般不得少于检验需要量的3倍，供检验、复检以及留样复查用。一般情况下，每份样品量不少于500g。液体、半液体每份样品量为 500 ~ 1000g；小包装食品根据生产日期或批号，随机抽样，同一批号 250 ~ 500g 的包装取样件数不少于 3 个，250g 以下的包装取样件数不少于 6 个，此外，还可以根据检验项目的需要和样品的具体情况适当增加或减少。

六、样品的保存和运送

无论什么时候采集到的样品，都要保持它的真实性和完整性，保证样品送到实验室分析或判断时还能代表该批制品在采样时的真实情况。因此，采样人员从采样直至样品送到实验室这个过程都负有责任，保证样品不发生任何变化，不受外来污染，这就需要做好样品的保存和运送，对一些确实不能保证在保存和运送中不发生变化的检验项目，争取在采样现场测定，例如矿泉水温度、二氧化碳含量等。

（一）样品的保存

1. 要使样品保持原来状态

采样时尽量采取原包装，不要从已开启过的包装内取样，从散装或大包装内采取的样品，如果是干燥的样品一定要保存在干燥洁净的容器内，并加盖封口（可用石蜡封口），不要和散发异味的样品一起保存。

2. 易变质的样品要冷藏

容易腐败变质的样品，在气温较高的情况下，一定要冷藏保存，防止样品在送到实验室前发生变质，可用有隔热层的保温箱或冰壶加冰块保存，但应注意样品一定要装入容器内，不能直接放在冰块上，以防冰块融化的水污染样品。

3. 特殊样品在现场做相应的处理

①在从天花板、墙壁、设备上采集或从食品中采集的准备做霉菌分析的可疑样品，要放入无菌容器内，低温保存或放入加有 1% 甲醛溶液的容器中保存，也可以贮存在 5% 乙醇溶液或稀乙酸溶液里，供霉菌形态学鉴定。

②有活昆虫的食品样品必须在每个样品容器内放入浸透乙酰或氯仿的棉球熏蒸，将昆虫杀死后送检验室，以防昆虫逃脱或繁殖，在采样记录中，应说明使用哪一种熏蒸剂杀虫。

③对怀疑有挥发性毒物的样品应采取措施防止挥发逸散，例如对氰化物、磷化物可加碱固定后保存运送。

（二）样品的运送

现场采集样品后，应迅速送到实验室检验，若离检验室距离较远或须送食品卫生监督机构鉴定，必须注意以下几点。

1. 包装

盛装样品的容器或包装要牢固，用易破碎的玻璃容器盛样品或用不正常的金属容器（如严重膨胀的铁皮罐头）盛装样品时要注意防震，用纸或其他缓冲材料把样品隔开固定，防止盛装样品的容器破碎或爆炸。

2. 做好标记

需要送食品卫生监督检验机构做仲裁用的样品在运送前应加密封，贴上封条纸，写明日期和盖印，或加石蜡封口，以防运送中更换样品。

3. 样品保藏

易腐或必须冷藏的食品在运送过程中保持冷藏状态，以防样品变质。

4. 送样

一般应由采样人员亲自运送样品到有关机构检验，如果采样人员确实不能亲自运送，也要向送样人员交代清楚送检样品要注意的事项，并附上委托送检证明、样品情况、采样的详细记录及要求检验的目的等正式的加盖公章的书面材料。如果是易变质的样品或危险样品还要先打电话或电报通知接受样品的单位以做好准备。

七、检验报告

（一）核对样品

当样品送到实验室后，检验人员应该对样品与送检单核对无误后方可检验。检验过程要做好记录，检验完毕将结果填写在送检单上，检验人员签名，由实验室负责人审核签名后，方可填写检验报告书，根据检验结果，结合现场调查及有关法规，做出卫生评价以及处理意见。检验人员一定要坚持原则，公正、客观地检测样品，绝不能营私舞弊、弄虚作假，养成良好的职业道德。

（二）填写检验报告单

字体要端正，词句要简练、明确。检验报告单内容包括编号、抽（送）检日期、样品名称、生产厂名、检验项目、抽（送）检单位、检验结果、卫生评价及处理意见、报告日期和监督机构盖章等。报告单一式两份，一份发抽（送）检单位，一份存档。

（三）保留样品

在检验前将所取样品的 1/3 作为留样。保留样品要包装完整，密封，并贴上标签。标签上应写明样品名称、生产厂名、采样日期、检验项目和检验人员签名、样品保留时间。

从发报告之日算起，一般符合卫生标准的样品保留一个月，不符合卫生标准的样品保留3个月或至该批食品案件处理完毕，易腐败变质的食品和开罐、开包装的食品不留样。

（四）复检

当检验结果有争议时，只有在上一级监督机构或按有关法规规定进行仲裁时，才可对保留样品进行复查。微生物检验结果一般不做复检，检出致病菌时检验单位保留菌种一个月，复检没有检出致病菌也不能否认前次检验结果。

第二节 样品预处理传统方法

食品的成分很复杂，既含有大分子有机化合物，如蛋白质、糖、脂肪、维生素及因污染引入的有机农药等，又含有各种无机元素，如钾、钠、钙、铁等。这些组分往往以复杂的结合态或络合态形式存在。当应用某种化学方法或物理方法对其中某种组分的含量进行测定时，其他组分的存在常给测定带来干扰。为保证检测工作的顺利进行，得到准确的结果，必须在测定前排除干扰；此外，有些被测组分在食品中的含量极低，如污染物、农药、黄曲霉素等，要准确地测出它们的含量，必须在测定前对样品进行浓缩。以上这些操作统称为样品预处理，又称样品前处理，是食品检验过程中的一个重要环节，直接关系着检验结果的客观和准确。进行样品的预处理，要根据检测对象、检测项目选择合适的方法。总的原则是：排除干扰，完整保留被测组分并使之浓缩，以获得满意的分析结果。

样品预处理传统方法主要有以下几种。

一、有机物破坏法

主要用于食品中无机元素的测定。食品中的无机盐为金属离子，常与蛋白质等有机物质结合，成为难溶、难离解的有机金属化合物，欲测定其中金属离子或无机盐的含量，须在测定前破坏有机结合体，释放出被测组分。通常可采用高温及强氧化条件使有机物质分解，使其呈气态逸散，而被测组分残留下来，根据具体操作条件不同，又可分为干法和湿法两大类。

（一）干法灰化

这是一种用高温灼烧的方式破坏样品中有机物的方法，因而又称为灼烧法。除汞外大多数金属元素和部分非金属元素的测定都可用此法处理样品。将一定量的样品置于坩埚加热，使其中的有机物脱水、炭化、分解、氧化，再置高温电炉中（一般为 500 ~ 550℃）灼烧灰化，直至残灰为白色或浅灰色为止，所得的残渣即为无机成分，可供测定用。

（二）湿法消化

向样品中加入强氧化剂，加热消解，使样品中的有机物质完全分解、氧化，呈气态逸出，而待测成分转化为无机物状态存在于消化液中供测试用，简称消化，是常用的样品无机化方法，如蛋白质的测定。常用的强氧化剂有浓硝酸、浓硫酸、高氯酸、高锰酸钾、双氧水等。

二、蒸馏法

蒸馏法是利用被测物质中各组分挥发性的差异来进行分离的方法。可以用于除去干扰组分，也可以用于被测组分的蒸馏逸出，收集馏出液进行分析。

加热方式根据蒸馏物的沸点和特性不同有水浴、油浴和直接加热。

某些被蒸馏物的热稳定性不好，或沸点太高，可采用减压蒸馏，减压装置可用水泵或真空泵。某些物质的沸点较高，直接加热蒸馏时，可因受热不均引起局部炭化，还有些被测成分，当加热到沸点时可能发生分解，对于这些具有一定蒸气压的成分，常用水蒸气蒸馏法进行分离，即用水蒸气来加热混合液体，如挥发酸的测定。

三、溶剂提取法

同一溶剂中，不同物质具有不同的溶解度。利用混合物中各物质溶解度的不同将混合物组分完全或部分地分离的过程称为萃取，也称提取。常用方法有以下几种。

（一）浸提法

又称浸泡法。用于从固体混合物或有机体中提取某种物质，所采用的提取剂，应既能大量溶解被提取的物质，又不破坏被提取物质的性质。为了提高物质在溶剂中的溶解度，往往在浸提时加热。如用索氏抽提法提取脂肪。提取剂是此类方法中的重要因素，可以用单一溶剂也可以用混合溶剂。

（二）溶剂萃取法

溶剂萃取法用于从溶液中提取某一组分，利用该组分在 2 种互不相溶的试剂中分配系数的不同，使其从一种溶剂中转移至另一种溶剂中，从而与其他成分分离，达到分离和富集的目的。通常可用分液漏斗多次提取达到目的。若被转移的成分是有色化合物，可用有机，相直接进行比色测定，即萃取比色法。萃取比色法具有较高的灵敏度和选择性。如用双硫腙法测定食品中铅含量。此法设备简单、操作迅速、分离效果好，但是成批试样分析时工作量大。同时，萃取溶剂常是易挥发、易燃且有毒性的物质，操作时应加以注意。

四、盐析法

向溶液中加入某种无机盐，使溶质在原溶剂中的溶解度大大降低而从溶液中沉淀析出。这种方法叫作盐析。如在蛋白质溶液中，加入大量的盐类，特别是加入重金属盐，使蛋白质从溶液中沉淀出来。

在进行盐析工作时，应注意溶液中所要加入的物质的选择，它不会破坏溶液中所要析出的物质，否则达不到盐析提取的目的。

五、化学分离法

（一）磺化法和皂化法

磺化法和皂化法是处理油脂或含脂肪样品时经常使用的方法。例如，残留农药分析和脂溶性维生素测定中，油脂被浓硫酸磺化，或被碱皂化，由憎水性变成亲水性，使油脂中须检测的非极性物质能较容易地被非极性或弱极性溶剂提取出来。

（二）沉淀分离法

沉淀分离法是利用沉淀反应进行分离的方法。在试样中加入适当的沉淀剂，使被测组分沉淀下来，或将干扰组分沉淀除去，从而达到分离的目的。

（三）掩蔽法

利用掩蔽剂与样液中干扰成分作用，使干扰成分转变为不干扰测定的状态，即被掩蔽起来。运用这种方法，可以不经过分离干扰成分的操作而消除其干扰作用，简化分析步骤，因而在食品分析中应用得十分广泛，常用于金属元素的测定。

六、色谱分离法

色谱分离法又称色层分离法，是一种在载体上进行物质分离的方法的总称。根据分离原理的不同，可分为吸附色谱分离、分配色谱分离和离子交换色谱分离等。此类方法的分离效果好，近年来在食品分析中的应用越来越广泛。

七、浓缩法

食品样品经提取、净化后，有时净化液的体积较大，在测定前须进行浓缩，以提高被测成分的浓度。常用的浓缩方法有常压浓缩法和减压浓缩法 2 种。

第三节　样品预处理新方法

一、固相萃取法

固相萃取（Solid Phase Extraction，SPE）是利用固体吸附剂将液体样品中的目标化合物吸附，与样品的基体和干扰化合物分离，然后再用洗脱液洗脱或加热解吸附，达到分离和富集目标化合物的目的。

固相萃取作为样品预处理技术，在实验室中得到了越来越广泛的应用。它利用分析物在不同介质中被吸附的能力差将目标物提纯，有效地将目标物与干扰组分分离，大大增强了对分析物特别是痕量分析物的检出能力，提高了被测样品的回收率。SPE 技术自 20 世纪 70 年代后期问世以来，发展迅速，广泛应用于环境、制药、临床医学、食品等领域。目前最多见其作为样品预处理的手段之一在药品及保健食品非法添加检测中的应用。

（一）基本工艺与原理

固相萃取是一个包括液相和固相的物理萃取过程。在固相萃取中，固相对分离物的吸附力比溶解分离物的溶剂更大。当样品溶液通过吸附剂床时，分离物浓缩在其表面，其他样品成分通过吸附剂床；通过只吸附分离物而不吸附其他样品成分的吸附剂，可以得到高纯度和浓缩的分离物。

1. 保留与洗脱

在固相萃取中最常用的方法是将固体吸附剂装在一个针筒状柱子里，使样品溶液通过吸附剂床，样品中的化合物或通过吸附剂或保留在吸附剂上（依靠吸附剂对溶剂的相对吸附）。“保留”是一种存在于吸附剂和分离物分子间吸引的现象，造成当样品溶液通过吸附剂床时，分离物在吸附剂上不移动。保留是 3 个因素的作用：分离物、溶剂和吸附剂。所以，一个给定的分离物的保留行为在不同溶剂和吸附剂存在下是变化的。“洗脱”是一种保留在吸附剂上的分离物从吸附剂上去除的过程，这通过加入一种对分离物的吸引比吸附剂更强的溶剂来完成。

2. 容量和选择性

吸附剂的容量是在最优条件下，单位吸附剂的量能够保留一个强保留分离物的总量。不同键合硅胶吸附剂的容量变化范围很大。选择性是吸附剂区别分离物和其他样品基质化合物的能力，也就是说，保留分离物，去除其他样品化合物。一个高选择性吸附剂是从样品基质中仅保留分离物的吸附剂。吸附剂的选择性是 3 个参数的作用：分离物的化学结构、吸附剂的性质和样品基质的组成。

3. 分类

①正相固相萃取所用的吸附剂都是极性的，用来萃取（保留）极性物质。在正相萃取时目标化合物如何保留在吸附剂上，取决于目标化合物的极性官能团与吸附剂表面的极性官能团之间的相互作用，其中包括了氢键、$\pi-\pi$ 键相互作用、偶极 – 偶极相互作用和偶极 – 诱导偶极相互作用以及其他的极性 – 极性作用。

②反相固相萃取所用的吸附剂和目标化合物通常是非极性的或极性较弱的，主要是靠非极性 – 非极性相互作用，是范德华力或色散力。

③离子交换固相萃取是靠目标化合物与吸附剂之间的相互作用，是静电吸引力。

（二）固相萃取技术的方法建立

1. 选择 SPE 小柱或滤膜

首先应根据待测物的理化性质和样品基质，选择对待测物有较强保留能力的固定相。若待测物带负电荷，可用阴离子交换填料，反之则用阳离子交换填料。若为中性待测物，可用反相填料萃取。SPE 小柱或滤膜的大小与规格应视样品中待测物的浓度大小而定。对于浓度较低的体内样品，一般应选用尽量少的固定相填料萃取较大体积的样品。

2. 活化

萃取前先用充满小柱的溶剂冲洗小柱或用 5 ~ 10mL 溶剂冲洗滤膜。一般可先用甲醇等水溶性有机溶剂冲洗填料，因为甲醇能润湿吸附剂表面，并渗透到非极性的硅胶键合相中，使硅胶更容易被水润湿，之后再加入水或缓冲液冲洗。加样前，应使 SPE 填料保持湿润，如果填料干燥会降低样品保留值；而各小柱的干燥程度不一，则会影响回收率的重现性。

3. 加样

①用 0.1mol/L 酸或碱调节，使 pH 值<3或 pH 值>9，离心取上层液萃取；

②用甲醇、乙腈等沉淀蛋白质后取上清液，以水或缓冲液稀释后萃取；

③用酸或无机盐沉淀蛋白质后取上清液，调节 pH 值后萃取；

④超声 15min 后加入水、缓冲液，取上清液萃取，尿液样品中的药物浓度较高，加样前先用水或缓冲液稀释，必要时可用酸、碱水解反应破坏药物与蛋白质的结合，然后萃取。流速应控制为 2 ~ 4mL/min，流速快不利于待测物与固定相结合。

4. 清洗填料

反相 SPE 的清洗溶剂多为水或缓冲液，可在清洗液中加入少量有机溶剂、无机盐或调节 pH 值。加入小柱的清洗液应不超过一个小柱的容积，而 SPE 滤膜为 5 ~ 10mL。

5. 洗脱待测物

应选用 5 ~ 10mL 离子强度较弱但能洗下待测物的洗脱溶剂。若需较高灵敏度，则可先将洗脱液挥干后，再用流动相重组残留物后进样。体内样品洗脱后多含有水，可选用冷冻干燥法。保留能力较弱的 SPE 填料可用小体积、较弱的洗脱液洗下待测物，再用极性较强的 HPLC 分析柱如 C18 柱分析洗脱物。若待测物可电离，可调节 pH 值，抑制样品离子化，以增强待测物在反相 SPE 填料中的保留，洗脱时调节 pH 值使其离子化并用较弱的溶剂洗脱，收集洗脱液后再调节 pH 值使其在 HPLC 分析中达到最佳分离效果。在洗脱过程中应减慢流速，用 2 次小体积洗脱代替 1 次大体积洗脱，回收率更高。

二、固相微萃取法

固相微萃取（Solid Phase Microextraction，SPME）是基于采用涂有固定相的熔融石英纤维来吸附、富集样品中的待测物质。其中吸附剂萃取技术始于 1983 年，其最大的特点是能在萃取的同时对分析物进行浓缩，目前最常用的固相萃取技术（SPE）就是将吸附剂填充在短管中，当样品溶液或气体通过时，分析物则被吸附萃取，然后再用不同溶剂将各种分析物选择性地洗脱下来，均匀涂布在硅纤维上的圆柱状吸附剂涂层，在萃取时既继承了 SPE 的优点，又有效克服了采用固相萃取技术时出现的操作烦琐、空白值高、易堵塞吸附柱等缺点。固相微萃取技术一经问世即受到广大食品研究工作者及其他分析从业人员的普遍关注并开始推广应用。

SPME 最早应用于环境样品的检测，主要针对样品中各种有机污染物，如水样和土壤中的有机汞、脂肪酸、杂酚油等，以及有机磷农药、有机氯农药、多环芳烃等这些作为水和废水检测的重要指标化合物。

SPME 在医学上的应用多见于分析人体血液中的氰化物、苯和甲苯，以及体液中的乙醇、有机磷酸酯等方面。

SPME 问世不久，就有人把它应用于分析食品中的微量成分，现在，SPME 已经广泛应用于食品风味、食品中农药残留和食品中有机物的分析。

（一）装置及操作步骤

SPME 由手柄和萃取头两部分构成，状似一支色谱注射器，萃取头是一根涂有不同色谱固定相或吸附剂的熔融石英纤维，接不锈钢丝，外套细的不锈钢针管（保护石英纤维不被折断及进样），纤维头可在针管内伸缩，手柄用于安装萃取头，可永久使用。

在样品萃取过程中首先将 SPME 针管穿透样品瓶隔垫，插入瓶中，推手柄杆使纤维头伸出针管，纤维头可以浸入水溶液中（浸入方式）或置于样品上部空间（顶空方式），萃取时间大约为 2 ~ 30min。然后缩回纤维头，再将针管退出样品瓶，迅速将 SPME 针管插入 GC 仪进样口或 HPLC 的接口解吸池。推手柄杆，伸出纤维头，热脱附样品进色谱柱或用溶液洗脱目标分析物，缩回纤维头，移去针管。

（二）工作原理

在固相微萃取操作过程中，样品中待测物的浓度或顶空中待测物的浓度与涂布在熔融硅纤维上的聚合物中吸附的待测物的浓度间建立了平衡，在进行萃取时，萃取平衡状态下和萃取前待分析物的量应保持不变。

SPME 中使用的涂层物质对于大多数有机化合物都具有较强的亲和力，待测物质在涂层和样品基质中的分配系数值对目标分析物来说越大，意味着 SPME 具有的浓缩作用越高，对待测物质检测的灵敏度越高。

（三）工作条件的选择及优化

1. 萃取头的选择

由不同固定相所构成的萃取头对物质的萃取吸附能力是不同的，故萃取头是整个 SPME 装置的核心，这包括 2 个方面：固定相和其厚度的选择。萃取头的选择由欲萃取组分的分配系数、极性、沸点等参数共同确定。一般而言，纤维头上一层厚膜比薄膜要萃取更多的分析物，厚膜可有效地从基质中吸附高沸点组分。但是解吸时间相应要延长，并且被吸附物可能被带入下一个样品的萃取分析中，薄膜纤维头被用来确保分析物在热解吸时较高沸点化合物的快速扩散与释放。膜的厚度通常在 10 ~ 100μm 之间。按照聚合物的极性固定相涂层可分为 3 大类：第 1 类为极性涂层；第 2 类为非极性涂层；第 3 类为中等极性混合型涂层。

2. 萃取时间的确定

萃取时间主要指达到或接近平衡所需要的时间。影响萃取时间的因素主要有萃取头的选择、分配系数、样品的扩散系数、顶空体积、样品萃取的温度等。萃取开始时萃取头固定相中物质浓度增加得很快，接近平衡时速度极其缓慢，因此，萃取过程中不必达到完全平衡，因为平衡之前萃取头涂层中吸附的物质量与其最终浓度就已存在一个比例关系，所以在接近平衡时即可完成萃取过程，视样品的情况不同，萃取时间一般为 2 ~ 60min。延长萃取时间也无坏处，但要保证样品的稳定性。

3. 萃取温度的确定

萃取温度对吸附采样的影响具有双面性。一方面，温度升高会加快样品分子运动，导致液体蒸气压增大，有利于吸附，尤其是对于顶空固相微萃取（HS-SPME）；另一方面，温度升高也会降低萃取头吸附分析组分的能力，使得吸附量下降。实验过程中萃取温度还要根据样品的性质而定，一般为 40 ~ 90℃。

4. 样品的搅拌程度

样品经搅拌后可以促进萃取并相应地减少萃取时间，特别是对于高分子量和高扩散系数的组分。一般搅拌形式有磁力搅拌、高速匀浆、超声波搅拌等。采取搅拌方式时一定要注意搅拌的均匀性，不均匀的搅拌比没有搅拌的测定精确度更差。

5. 萃取方式、盐浓度和 pH 效应

SPME 的操作方式有 2 种：一种为顶空萃取方式；另一种为浸入萃取方式。实验中采取何种萃取方式主要取决于样品组分是否存在蒸气压，对于没有蒸气压的组分只能采用浸入方式来萃取。在萃取前于样品中添加无机盐可以降低极性有机化合物的溶解度，产生盐析，提高分配系数，从而达到增加萃取头固定相对分析组分的吸附。一般添加无机盐用于顶空方式，对于浸入方式，盐分容易损坏萃取头。此外调节样品的 pH 值可以降低组分的亲脂性，从而大大提高萃取效率，注意 pH 值不宜过高或过低，否则会影响固定相涂层。

6. 其他优化措施

在萃取过程中还可以采用减压萃取及微波萃取，都可以提高萃取效率，在采用顶空萃取的过程中顶空体积的大小、样品的大小对检测的灵敏度、方法的精密度及萃取效率都有重要影响。

三、液相微萃取法（液滴微萃取和液膜微萃取）

液相微萃取（Liquid-Phase Microextraction、LPME）或溶剂微萃取（Solvent Microextraction, SME）是 1996 年发展起来的一种新型的样品预处理技术。与液 - 液萃取（Liquid-Liquid Extraction，LLE）相比，LPME 可以提供与之相媲美的灵敏度，甚至集更佳的富萃取和浓缩于一体，灵敏度高，操作简单，而且还具有快捷、廉价等特点。另外，它所需要的有机溶剂也是非常少的（几微升至几十微升），是一项环境友好的样品预处理新技术，特别适合超痕量污染物的测定。

LPME 主要应用于环境监测、饮料分析及生物分析等几大方面。

目前使用 LPME 方法处理的有机污染物主要包括氯苯、多环芳烃、酞酸酯、芳香胺、酚类化合物、苯及其同系物、硝基芳族类炸药、有机氯农药、杀虫剂硫丹、三嗪类除草剂、三卤甲烷以及烷基酚等。

与 SPME（固相微萃取）相比，LPME 的缺点是有溶剂峰，有时容易掩盖分析物的色谱峰。LPME 的最大优点是它除了具有直接和顶空 2 种萃取方式外，还具有 LPME/BE 方式。这种萃取方式可以将一些酸性或碱性化合物的富集倍数进一步提高，而多孔性的中空纤维的价格也比较低廉。另外，中空纤维上的小孔也起到微过滤作用，可以对分析物进一步净化。液相微萃取的分析物用气相色谱进行分析时克服了解吸速度慢、涂层降解的缺点，液相微萃取与液相色谱联用时不需专门的解吸装置。这种技术所需要的装置非常简单，一支普通的微量进样器或多孔性的中空纤维即可。尽管商品化的 SPME 萃取头的种类不断增加，但是可用于 LPME 的溶剂种类更多，这为优化 LPME 的萃取条件提供了更大的选择空间。

（一）工作方式

1. 直接液相微萃取（Directliquid-Phase Microextraction，Direct-LPME）

直接利用悬挂在色谱微量进样器针头或 Teflon 棒端的有机溶剂对溶液中的分析物进行萃取的方法，叫作直接液相微萃取法。这种方法一般比较适合萃取较为洁净的液体样品。

2. 液相微萃取 / 后萃取（Liquid-Phase Microextraction Wth Back Extraction，LPME/BE）

液相微萃取 / 后萃取又称为液 - 液 - 液微萃取（Liquid-Liquid-Lliquid Microextraction，LLLME），整个萃取过程为：给体（样品）中的分析物首先被萃取到有机溶剂中，接着又被后萃取到受体里。这种方式一般适用于在有机溶剂中富集效率不是很高的分析物，需要通过后萃取来进一步提高富集倍数。如在对酚类化合物进行萃取时，通过调节给体的 pH 值来使酚类以中性形式存在，那么它们在给体中的溶解度减少，在搅拌时酚类化合物很容易地被萃取到有机溶剂中，再通过调节受体 pH 值到强碱区域，可以把酚类从有机溶剂中进一步浓缩到富集能力更强的受体（强碱性溶液）里。

3. 顶空液相微萃取（Headspace Liquid-Phase Microextraction，HS-LPME）

把有机溶剂悬于样品的上部空间而进行萃取的方法，叫作顶空液相微萃取法。这种方法适用于分析物容易进入样品上方空间的挥发性或半挥发性有机化合物。在顶空液相微萃取中包含 3 相（有机溶剂、液上空间、样品），分析物在 3 相中的化学势是推动分析物从样品进入有机液滴的驱动力，可以通过不断搅拌样品产生连续的新表面来增强这种驱动力。

挥发性化合物在液上空间的传质速度非常快，这是因为在气相中，分析物具有较大的扩散系数，且挥发性化合物从水中到液上空间再到有机溶剂比从水中直接进入有机溶剂的传质速率快得多，所以对于水中的挥发性有机物，顶空液相微萃取法比直接液相微萃取法更快捷。

（二）萃取效率的影响因素

LPME 对分析物的萃取受若干因素的影响，如有机溶剂种类、液滴大小、搅拌速率、盐效应、pH 值以及温度等。

1. 有机溶剂与液滴大小选择

合适的有机溶剂是提高分析物灵敏度的关键，其选择的基本原则是“相似相溶原理”，即溶剂的性质必须与分析物的性质相匹配，才能保证溶剂对分析物有较强的萃取富集能力。另外还需要符合以下几点：①对直接 LPME 和 LPME/BE，溶剂与样品一定不能混溶或在样品中的溶解度非常小；②在进行后续仪器的分析时，溶剂必须易于与分析物分离；③如果使用多孔性的中空纤维，溶剂必须易于充满纤维壁上的孔穴；④在使用多孔性的中空纤维时，溶剂必须在较短的时间内（几秒）固定在纤维上：⑤对于顶空 LPME，有机溶剂还需要有较高的沸点和较低的蒸气压，以减少在萃取过程中的挥发。液滴大小对分析的灵敏度的影响也很大。一般来说，液滴体积越大，分析物的萃取量越大，有利于提高方法的灵敏度。但由于分析物进入液滴是扩散过程，液滴体积越大，萃取速率越小，达到平衡所需的时间也就越长。

2. 搅拌速率是影响分析速度的重要因素

由于搅拌破坏了样品本体溶液与有机液滴之间的扩散层厚度，增加了分析物在液相中的扩散系数，提高了分析物向溶剂的扩散速率，缩短了达到平衡的时间，从而提高了萃取效率，但如果搅拌速率过快，有可能破坏萃取液滴。

3. 盐效应与 pH 值

由于分析物在有机溶剂和样品之间的分配系数受样品基体的影响，当样品基体发生变化时，分配系数也会随之发生变化。通过向样品中加入一些无机盐类，可以增加溶液的离子强度，增大分配系数，从而提高它们在有机相中的分配，这也是提高分析灵敏度的有效途径。控制溶液的 pH 值能够改变一些分析物在溶液中的存在形式，减少它们在水中的溶解度，增加它们在有机相中的分配。如在对酚类化合物进行 LPME/BE 时，控制较小的 pH 值，使溶液中的酚类化合物以分子形式存在，减小了其在水中的溶解度，从而提高了萃取率。

4. 温度的影响

一般来说，温度对液相微萃取有 2 方面的影响：升高温度，分析物向有机相的扩散系数增大，扩散速率随之增大，同时加强了对流过程，有利于缩短达到平衡的时间；但是，升温会使分析物的分配系数减小，导致其在溶剂中的萃取量减少。所以，实验时应兼顾萃取时间和萃取效果，寻找最佳的工作温度。

5. 萃取时间的影响

由于液相微萃取过程是一个基于分析物在样品与有机溶剂（或受体）之间分配平衡的过程，所以分析物在平衡时的萃取量将达到最大。对于分配系数较小的分析物，一般需要较长的时间才能达到平衡，所以，选择的萃取时间一般在平衡之前（非平衡）。在这种情况下，为保证得到较好的重现性，萃取时间必须严格控制。另外，萃取时间也会对有机液滴大小产生影响。虽然有机相在水中有较小的溶解度，但随着萃取时间的增加，体积本来就不大的有机液滴就会出现较为明显的损失。为了矫正这种变化，常在萃取溶剂中加入内标。

四、超临界流体萃取法

超临界流体是指那些处于超过物质本身的临界压力和临界温度状态的流体。物质的临界状态是指气态和液态共存的一种边缘状态，在此状态中，液态的密度与其饱和蒸气的密度相同，因此界面消失。超临界流体技术的内容涉及超临界流体萃取、超临界条件下的化学反应、超临界流体色谱、超临界流体细胞破碎技术、超临界流体结晶技术等。超临界流体萃取（Supercritical Fluid Extraction，SFE）是以超临界状态下的流体作为溶剂，利用该状态流体所具有的高渗透能力和高溶解能力萃取分离混合物的过程。当流体的温度和压力处于它的临界温度和临界压力以上时，该流体处于超临界状态。

超临界流体萃取分离技术在解决许多复杂分离问题，尤其是从天然动植物中提取一些有价值的生物活性物质，如胡萝卜素、甘油酯、生物碱、不饱和脂肪酸等方面，已显示出巨大的优势。

我国超临界流体萃取技术已逐步从研究阶段走向工业化。据不完全统计，目前我国已建成 100L 以上的超临界萃取装置 10 多台套，规模最大的达到 500L，生产的产品有沙棘子油、小麦胚芽油、卵磷脂、辣椒红色素、青蒿素等。

（一）特点及局限性

超临界流体萃取技术结合了精馏与液－液萃取的优点，即精馏，是利用各组分挥发度的差异实现不同组分间的分离，液－液萃取是利用被萃取物分子之间溶解度的差异将萃取组分从混合物中分离，因而是一种独特的、高效节能的分离技术。常用的萃取剂为 CO_2，具有无毒、无味、不燃、无腐蚀、价廉、易精制、易回收等特点，被视为有害溶剂的理想取代剂。

其局限性表现在：一方面，人们对超临界流体本身缺乏透彻的理解，对超临界流体萃取热力学及传质理论的研究远不如传统的分离技术（如有机溶剂萃取、精馏等）成熟；另一方面，高压设备目前价格昂贵，工艺设备一次性投资大，在成本上难以与传统工艺进行竞争。

（二）基本原理

1. 超临界流体的特性

①超临界流体的密度接近于液体。由于溶质在溶剂中的溶解度一般与溶剂的密度成正比，因此超临界流体具有与液体溶剂相当的溶解能力。

②超临界流体的扩散系数介于气体与液体之间，其黏度也接近于气体，因而超临界流体的传质速率更接近于气体。所以超临界流体萃取时的传质速率大于液态溶剂的萃取速率。

③处于临界状态附近的流体，蒸发焓会随着温度和压力的升高而急剧下降，至临界点时，气液两相界面消失，蒸发焓为零，比热容趋于无限大。因而在临界点附近比在气–液平衡区进行分离操作更有利于传热和节能。

④只要流体在临界点附近的压力和温度发生微小的变化，流体的密度就会发生很大的变化，这将会引起溶质在流体中的溶解度发生相当大的变化。即超临界流体可在较高的密度下对萃取物进行超临界流体萃取，同时还可以通过调节温度和压力，降低溶剂的密度，从而降低溶剂的萃取能力，使溶剂与被萃取物得到有效分离。

2. 工艺原理

首先使溶剂通过升压装置（如泵或压缩机）达到临界状态；然后超临界流体进入萃取器与里面的原料（固体或液体混合物）接触而进行超临界萃取；溶于超临界流体中的萃取物随流体离开萃取器后再通过降压阀进行节流膨胀，以便降低超临界流体的密度，从而使萃取物和溶剂能在分离器内得到有效分离，然后再使溶剂通过泵或压缩机加压到超临界状态，并重复上述萃取分离操作，流体循环直至达到预定的萃取率。

3. 工艺特点

①超临界流体萃取兼具精馏和液－液萃取的特点。溶质的蒸气压、极性、分子量大小是影响溶质在超临界流体中溶解度大小的重要因素。萃取过程中被分离物质间挥发度的

差异和它们分子间作用力的大小这 2 种因素同时在起作用。如超临界萃取物被萃出的先后顺序与它们的沸点顺序有关，非极性的萃取剂 CO_2 对非极性或弱极性的物质具有较高的萃取能力等。

②萃取剂可以循环使用。在溶剂分离与回收方面，超临界萃取优于一般的液-液萃取和精馏，被认为是萃取速率快、效率高、能耗低的先进工艺。

③操作参数易于控制。超临界萃取的萃取能力主要取决于流体的密度，而流体的密度很容易通过调节温度和压强来控制，这样易于确保产品质量稳定。

④特别适合分离热敏性物质，且能实现无溶剂残留。超临界萃取工艺的操作温度与所用萃取剂的临界温度有关。目前最常用的萃取剂 CO_2 的临界温度为 304.3K，最接近于室温，故既能防止热敏性物质的降解，又能达到无溶剂残留。这一特点也使得超临界萃取技术用于天然产物的提取分离成为当今的研究热点之一。

五、微波辅助萃取法

微波辅助萃取又叫微波萃取，是一种非常具有发展潜力的新的萃取技术，即用微波能加热与样品相接触的溶剂，将所需化合物从样品基体中分离出来并进入溶剂，是在传统萃取工艺的基础上强化传热、传质的一个过程。通过微波强化，其萃取速率、萃取效率及萃取质量均比常规工艺好很多，因此在萃取和分离天然产物的应用中发展迅速。

（一）微波萃取的机理和特点

1. 微波萃取的机理

微波是指波长在 1mm ～ 1m 之间、频率在 300 ～ 300 000MHz 之间的电磁波，它介于红外线和无线电波之间。微波萃取的机理可由以下 2 方面考虑。一方面，微波辐射过程是高频电磁波穿透萃取介质，到达植物物料的内部维管束和腺细胞内，由于物料内的水分大部分是在维管束和腺细胞内，水分吸收微波能后使细胞内部温度迅速上升，而溶剂对微波是透明（或半透明）的，受微波的影响小，温度较低。连续的高温使其内部压力超过细胞壁的膨胀能力，从而导致细胞破裂，细胞内的物质自由流出，萃取介质就能在较低的温度条件下捕获并溶解，通过进一步过滤和分离，便获得萃取物料。另一方面，微波所产生的电磁场，加速被萃取部分向萃取溶剂界面扩散的速率，用水做溶剂时，在微波场下，水分子高速转动成为激发态，这是一种高能量不稳定状态，或者水分子汽化，加强萃取组分的驱动力；或者水分子本身释放能量回到基态，所释放的能量传递给其他物质分子，加速其热运动，缩短萃取组分的分子由物料内部扩散到萃取溶剂界面的时间，从而使萃取速率提高数倍，同时还降低了萃取温度，最大限度地保证萃取的质量。

2. 微波萃取的特点及与传统热萃取的区别

传统热萃取是以热传导、热辐射等方式由外向里进行，即能量首先无规则地传递给萃取剂，再由萃取剂扩散进基体物质，然后从基体中溶解或夹带出多种成分出来，即遵循加热—渗透进基体—溶解或夹带—渗透出来的模式，因此萃取的选择性较差；而微波萃取是通过离子迁移和偶极子转动 2 种方式里外同时加热，能对体系中的不同组分进行选择性加热，使目标组分直接从基体中分离。

与传统提取方法相比，微波萃取有无可比拟的优势，主要体现在：选择性高，可以提高收率及提取物质纯度，快速高效，节能，节省溶剂，污染小，质量稳定，有利于萃取对热不稳定的物质，可以避免长时间的高温引起样品的分解，特别适合处理热敏性组分或从天然物质中提取有效成分，同时可实行多份试样同时处理，也特别适合处理大批量样品。

与超临界萃取相比，微波萃取的仪器设备比较简单，投资小，且适用面广，较少受被萃取物质极性的限制（目前超临界流体萃取难以应用于极性较强的物质）。与超声萃取法相比，微波萃取具有快速、节省溶剂、提取效率高等优点，而超声萃取一般需要重复萃取才能将有效成分萃取完全。

（二）微波辅助萃取的参数及影响因素

微波辅助萃取操作过程中，萃取参数包括萃取溶剂、萃取功率和萃取时间。影响萃取效果的因素很多，如萃取剂的选择、微波剂量、物料含水量、萃取温度、萃取时间及溶剂 pH 值等。

1. 萃取剂的选择

在微波辅助萃取中，应尽量选择对微波透明或部分透明的介质作为萃取剂，也就是选择介电常数较小的溶剂，同时要求萃取剂对目标成分有较强的溶解能力，对萃取成分的后续操作干扰较小。当被提取物料中含不稳定或挥发性成分时，如中药中的精油，宜选用对微波射线高度透明的溶剂；若须除去此类成分，则应选用对微波部分透明的萃取剂，这样萃取剂可吸收部分微波能转化成热能，从而去除或分解不需要的成分。微波萃取要求溶剂必须有一定的极性，才能吸收微波进行内部加热。通常的做法是在非极性溶剂中加入极性溶剂。目前常见的微波辅助萃取剂有甲醇、丙酮、乙酸、二氯甲烷、正己烷、苯等有机溶剂和硝酸、盐酸、氢氟酸、磷酸等无机溶剂以及己烷－丙酮、二氯甲烷－甲醇、水－甲苯等混合溶剂。

2. 试样中水分或湿度的影响

水是介电常数较大的物质，可以有效地吸收微波能并转化为热能，所以植物物料中含水量的多少对萃取率的影响很大。另外，含水量的多少对萃取时间也有很大影响，因为水能有效地吸收微波能，因而干的物料需要较长的辐照时间。研究表明，生物物料的含水量对回收率的影响很大，正因为植物物料组织中含有水分，才能有效吸收微波能，进而产生温度差。若物料是经过干燥（不含水分）的，就要采取物料再湿的方法，使其具有足够的水分。也可选用部分吸收微波能的半透明萃取剂，用此萃取剂浸渍物料，置于微波场中进行辐射加热的同时发生萃取作用。

3. 微波剂量的影响

在微波辅助萃取过程中，所需的微波剂量的确定应以最有效地萃取出目标成分为原则。一般所选用的微波能功率在 200 ～ 1000W，频率为 2×10^3 ～ 3×10^5MHz，微波辐照时间不可过长。

4. 破碎度的影响

和传统提取一样，被提取物经过适当破碎，可以增大接触面积，有利于提取的进行。但通常情况下传统提取不把物料破碎得太小，因为这样可能使杂质增加，增加提取物中的无效成分，也给后续过滤带来困难。同时，将近 100℃的提取温度会使物料中的淀粉成分糊化，使提取液变得黏稠，这也增加了后续过滤的难度。在微波提取中，通常根据物料的特性将其破碎为 2 ～ 10mm 的颗粒，粒径相对不是太小，后面可以方便地过滤。同时，提取温度比较低，没有达到淀粉的糊化温度，不会给过滤带来困难。

5. 分子极性的影响

在微波场下，极性分子易受微波作用，目标组分如果是极性成分，会比较容易扩散。在天然产物中，完全的非极性分子是比较少的，物质分子或多或少存在一定的极性，绝大部分天然产物的分子都会受到微波电磁场的作用。在适当的条件下，微波提取一个批次可以在数分钟内完成。需要指出的是，物质离开微波场后提取过程并不会立即停止，事实上，离开微波场后由于微波持续产生的热量，以及形成的温度梯度，提取过程仍会进行。

6. 溶剂 pH 值的影响

溶液的 pH 值也会对微波萃取的效率产生一定的影响，针对不同的萃取样品，溶液有一个最佳的用于萃取的酸碱度。人们考察了从土壤中萃取除草剂时 pH 值对回收率的影响。结果表明：随着 pH 值的上升，除草剂的回收率也逐步增加，但是由于萃取出的酸性成分的增加，萃取物的颜色加深。

7. 萃取时间的影响

微波萃取时间与被测物样品量、溶剂体积和加热功率有关。与传统萃取方法相比，微波萃取的时间很短，一般情况下 10 ~ 15min 已经足够。研究表明，从食品中萃取氨基酸成分时，萃取效率并没有随萃取时间的延长而有所改善，但是连续的辐照也不会引起氨基酸的降解或破坏。在萃取过程中，一般加热 1 ~ 2min 即可达到所要求的萃取温度。对于不同的物质，最佳萃取时间不同。连续辐照时间也不可太长，否则容易引起溶剂沸腾，不仅造成溶剂的极大浪费，还会带走目标产物，降低产率。

8. 萃取温度的影响

在微波密闭容器中内部压力可达到十几个大气压，因此，溶剂沸点比常压下的溶剂沸点高，这样微波萃取可达到常压下同样的溶剂达不到的萃取温度。此外，随着温度的升高，溶剂的表面张力和黏性都会有所降低，从而使溶剂的渗透力和对样品的溶解力增加，以提高萃取效率，而又不至于分解待测萃取物。萃取回收率随温度升高的趋势仅表现在不太高的温度范围内，且各物质的最佳萃取回收温度不同。对不同条件下溶剂沸点及微波萃取中温度对萃取回收率的影响的研究表明，在密闭容器中丙酮的沸点提高到 164℃，丙酮环己烷（1 ： 1）的共沸点提高到 158℃，这远高于常压下的沸点，而萃取温度在 120℃时可获得最好的回收率。

9. 萃取剂用量的影响

萃取剂用量可在较大范围内变动，以充分提取所希望的物质为度，萃取剂与物料之比（L/kg）在（1 ~ 20） ： 1 范围内选择。固液比是提取过程中的一个重要因素，主要表现在影响固相和液相之间的浓度差，即传质推动力。在传统萃取过程中，一般随固液比的增加，回收率也会增加，但是在微波萃取过程中，有时回收率随固液比的增加反而降低。固液比的提高必然会在较大程度上提高传质推动力，但萃取液体积太大，萃取时釜内压力过大，会超出承受能力，导致溶液溅失。

（三）微波萃取工艺流程

准确称取一定量的待测样品置于微波制样杯内，根据萃取物情况加入适量的萃取溶剂。按微波制样要求，把装有样品的制样杯放到密封罐中，然后把密封罐放到微波制样炉里。设置目标温度和萃取时间，加热萃取直至结束。把制样罐冷却至室温，取出制样杯，过滤或离心分离，制成可进行下一步测定的溶液。

1. 微波萃取的工艺流程

微波萃取主要经过以下步骤：选料、清洗、粉碎、微波萃取、分离、浓缩、干燥、粉化产品。

2. 微波萃取条件

①微波萃取装置一般要求为带有控温元件的微波制样设备。

②微波萃取用制样杯一般为聚四氟乙烯材料制成的样品杯。

③微波萃取溶剂为具有极性的溶剂，如乙醇、甲醇、丙酮或水等。因非极性溶剂不吸收微波能，所以不能用 100% 的非极性溶剂做微波萃取溶剂。一般可在非极性溶剂中加入一定比例的极性溶剂来使用，如丙酮－环己烷（1 ：1）。

④在微波萃取中要控制溶剂温度使其不沸腾或在使用温度下不分解待测物。

第三章 食品一般成分的分析检测

第一节 水分含量和水分活度的测定

水是生物体生存所必需的，对生命活动具有十分重要的作用，它是机体中体温的重要调节剂、营养成分和废物的载体，也是体内化学作用的反应剂和反应介质、润滑剂、增塑剂和生物大分子构象的稳定剂。

一、水分含量分析

水的含量、分布和状态对食品的结构、外观、质地、风味、新鲜度及加工性能等均产生极大的影响，是决定食品品质的关键成分之一。水分含量测定是评价食品品质最基本、最重要的方法之一。

目前，食品中水分含量的分析方法主要包括常压干燥法、真空干燥法、蒸馏法，每种方法的适用范围有所不同。

（一）常压干燥法

1. 原理

利用食品中水分的物理性质，在 101.3 kPa（一个大气压）、101 ~ 105℃条件下加热至恒量。采用挥发方法测定样品中干燥减失的质量，包括体相水、部分结合水，再通过干燥前后的称量数值计算出水分的含量。

2. 仪器

分析天平、组织捣碎机、研钵、具盖铝皿、电热鼓风干燥箱、干燥器。

3. 操作方法

（1）样品处理

①固体样品。取有代表性的样品 200 g 左右。用研钵或切碎机捣碎、研细，混合均匀，置于密闭玻璃容器内。

②固液体样品。按固体、液体比例，取有代表性的样品至少 200 g，用组织捣碎机捣碎，混匀，置于密闭玻璃容器内。

（2）样品测定

将洁净的铝皿连同皿盖置于（103±2）℃鼓风电热恒温干燥箱内，加热1 h后，置于干燥器内冷却至室温，称量，直至恒量。称取约5 g试样，精确至0.001 g，放置已知恒量的铝皿中，置于（103±2）℃的鼓风电热恒温干燥箱内（皿盖斜放在皿边），加热1 ~ 4 h（加热时间长短视样品性质而定），加盖取出。在干燥器内冷却0.5 h，称量；再烘适当时间，称量，直至连续2次称量差不超过2 mg，即为恒量。

4. 结果计算

$$水分含量(\%)=\frac{m_1-m_2}{m_1-m_3}\times100$$

式中，m_1为干燥前样品与称量皿质量之和，g；m_2为干燥后样品与称量皿质量之和，g；m_3为称量皿质量，g。

5. 精密度

在重复性条件下获得的2次独立测定结构的绝对差不得超过算术平均值的5%。

6. 说明及注意事项

①样品要求水分是唯一的挥发物质。

②减压干燥法选择的压力一般为40 ~ 53 kPa，温度为（60±5）℃。但实际应用时可根据样品性质及干燥箱耐压能力不同而调整压力和温度，如AOAC法中的干燥条件为咖啡：3.3 kPa和98 ~ 100℃；乳粉：13.3 kPa和100℃；干果：13.3 kPa和70℃；坚果和坚果制品：13.3 kPa和95 ~ 100℃；糖和蜂蜜：6.7 kPa和60℃等。

③减压干燥时，自干燥箱内部压力降至规定真空度时起计算干燥时间，一般每次烘干时间为4 h，但有的样品需5 h，恒量一般以减量不超过0.5 mg时为标准，但对受热后易分解的样品则以不超过1 ~ 3 mg的减量为恒量标准。

④真空条件下热量传导不好，称量瓶应直接放在金属架上以确保良好的热传导；蒸发是一个吸热过程，要注意由于多个样品放在同一烘箱中使箱内温度降低的现象，冷却会影响蒸发。但不能通过升温来弥补冷却效应，否则样品在最后干燥阶段可能会产生过热现象；干燥时间取决于样品的水分含量、样品的性质、单位质量的表面积、是否使用海砂以及是否含有较强持水能力和易分解的糖类等因素。

（二）真空干燥法

真空干燥法也称为减压干燥法，该法适用于在较高温度下加热易分解、变质或不易除去结合水的食品，如糖浆、果糖、味精、麦乳精、高脂肪食品、果蔬及其制品的水分含量的测定。

1. 原理

利用食品中水分的物理性质，在达到 40 ~ 53 kPa 压力后加热至（60 ± 5）℃，采用减压烘干方法去除试样中的水分，再通过烘干前后的称量数值计算出水分的含量。

2. 仪器

①真空烘箱（带真空泵）。

②扁形铝制或玻璃制称量瓶。

③干燥器：内附有效干燥剂。

④天平：感量为 0.1 mg。

在用减压干燥法测定水分含量时，为了除去烘干过程中样品挥发出来的水分，以及避免干燥后期烘箱恢复常压时空气中的水分进入烘箱，影响测定的准确度。整套仪器设备除必须有一个真空烘箱（带真空泵）外，还须设置一套安全、缓冲的设施，连接几个干燥瓶和一个安全瓶。

3. 操作方法

准确称取 2 ~ 10 g（精确至 0.000 1 g）试样于已烘至恒重的称量皿中，置于真空烘箱内，将真空干燥箱连接真空泵，打开真空泵抽出烘箱内空气至所需压力 40 ~ 53.3 kPa，并同时加热至所需温度（60 ± 5）℃，关闭真空泵上的活塞，停止抽气，使真空干燥箱内保持一定的温度和压力，经 4 h 后，打开活塞，使空气经干燥装置缓缓通入真空干燥箱内，待压力恢复正常后再打开。取出称量瓶，放入干燥器中 0.5 h 后称量，并重复以上操作至前后 2 次质量差不超过 2 mg，即为恒重。

4. 结果计算

同常压干燥法。

5. 精密度

在重复性条件下获得的 2 次独立测定结果的绝对差值不得超过算术平均值的 10%。

6. 说明及注意事项

①真空烘箱内各部位温度要均匀一致，若干燥时间短时，更应严格控制。

②减压干燥时，自烘箱内压力降至规定真空度时计算烘干时间。一般每次烘干为 2 h，但有的样品须烘干 5 h；恒重一般以减量不超过 0.5 mg 时为标准，但对受热后易分解的样品则可以不超过 1 ~ 3 mg 的减量值为恒重标准。

（三）蒸馏法

蒸馏法主要包括 2 种方式：一是把试样放在沸点比水高的矿物油里直接加热，使水分蒸发，冷凝后收集，测定其容积，现在已不使用；二是把试样与不溶于水的有机溶剂一同加热，以共沸混合蒸发的形式将水蒸馏出，冷凝后测定水的容积。这种方法称为共沸蒸馏法，是目前应用最广的水分蒸馏法，现予以介绍。

1. 原理

蒸馏法又称为共沸法，是依据 2 种互不相溶的液体组成的二元体系的沸点，比其中任一组分的沸点都低的原理，加热使之共沸，将试样中水分分离。根据水的密度和流出液中水的体积计算水分含量。

蒸馏法分为直接蒸馏和回流蒸馏两种方法。回流蒸馏只须比水的沸点略高的有机溶剂，一般选用甲苯、二甲苯或者苯。由于回流蒸馏对有机溶剂的沸点要求不高，且蒸馏温度较低，样品不易加热分解、氧化，是目前应用最广的蒸馏方法。

2. 仪器与试剂

蒸馏烧瓶、冷凝管、接收瓶（带刻度）、精制甲苯或二甲苯。

3. 操作方法

称取适量样品（含水量为 2 ~ 4.5 mL），放入 250 mL 蒸馏烧瓶中（若样品易爆沸，加入完全干燥的石英砂），加入约 100 mL 新蒸馏的甲苯或二甲苯，使样品浸没，连接冷凝管与水分接收管，从冷凝管顶端注入甲苯，装满水分接收管。加热使液体共沸，当蒸馏烧瓶中甲苯刚开始沸腾时，可看到从蒸馏瓶升起一团白雾，这是水在甲苯中的蒸汽，进入冷凝管后冷凝，流入接收管内。先慢慢蒸馏，控制溜出液 2 滴 /s；待大部分水分被蒸馏出来后，加快蒸馏速度，溜出液 4 滴 /s；当接收管内水的高度不再增加时，样品内的水分可视为完全被蒸馏出来。从冷凝管顶端加入甲苯冲洗，如果冷凝管壁附着有水珠，可用刷子或附有小橡皮头的铜丝将其擦下，刷子或铜丝在从冷凝管中取出前，用甲苯清洗。再蒸馏片刻至接收管上部及冷凝管壁无水珠为止，读取接收管水层体积。

4. 结果计算

$$水分含量\ (\%) = \frac{V}{m} \times \rho \times 100$$

式中，ρ 为该温度下水的密度，g/mL；V 为接收管内水的体积，mL；m 为样品质量，g。

5. 精密度

在重复条件下获得的 2 次独立测定结果的绝对差值不得超过算术平均值的 10%。

6. 说明及注意事项

①蒸馏法测量水分产生误差的原因很多，如样品中水分没有完全蒸发出来，水分附集在冷凝器和连接管内壁，水分溶解在有机溶剂中，比水重的溶剂被馏出冷凝后，会穿过水面进入接收管下方，生成了乳浊液，馏出了水溶性的成分等。

②直接加热时应使用石棉网，最初蒸馏速度应缓慢，以每秒钟从冷凝管滴下 2 滴为宜，待刻度管内的水增加不显著时加速蒸馏，每秒钟滴下 4 滴。没水分馏出时，设法使附着在冷凝管和接收管上部的水落入接收管，再继续蒸馏片刻。蒸馏结束，取下接收管，冷却到 25℃，读取接收管水层的容积。如果样品含糖量高，用油浴加热较好。

③样品为粉状或半流体时，将瓶底铺满干净的海砂，再加样品及无水甲苯。将甲苯经过氯化钙或无水硫酸钠吸水，过滤蒸馏，弃去最初馏液，收集澄清透明液即为无水甲苯。

④为改善水分的馏出，对富含糖分或蛋白质的黏性试样宜分散涂布于硅藻土上或放在蜡纸上，上面再覆盖一层蜡纸，卷起来后用剪刀剪成 6 mm × 8 mm 的小块；对热不稳定性食品，除选用低沸点溶剂外，也可分散涂布于硅藻土上。

⑤为防止水分附集于蒸馏器内壁，须充分清洗仪器。蒸馏结束后，如有水滴附集在管壁，用绕有橡皮线并蘸满溶剂的铜丝将水滴回收。为防止出现乳浊液，可添加少量戊醇、异丁醇。

二、水分活度分析

水分活度（a_w）表示食品中水分存在的状态，表示食品中所含的水分作为微生物化学反应和微生物生长的可用价值，即反映水分与食品的结合程度或游离程度。其值越小，结合程度越高；其值越大，结合程度越低。同种食品，水分质量分数越高，其 a_w 值越大，但不同种食品即使水分质量分数相同 a_w 值也往往不同。因此食品的水分活度是不能按其水分质量分数考虑的。例如，金黄色葡萄球菌生长要求的最低水分活度为 0.86，而与这个水分活度相当的水分质量分数则随不同的食品而异，如干肉为 23%，乳粉为 16%，干燥肉汁为 63%。所以，按水分质量分数难以判断食品的保存性，测定和控制水分活度，对于掌握食品品质的稳定与保藏具有重要意义。

水分活度的分析方法如下所示。

（一）水分活度仪法

1. 原理

在一定温度下，用标准饱和盐溶液校正水分活度测定仪的 a_w 值，在相同条件下测定样品，利用测定仪上的传感器，根据样品上方的水蒸气分压，从仪器上读出样品的水分活度值。一般在20℃恒温箱内进行测定，以饱和氯化钡溶液（$a_w=0.9$）为标准校正仪器。如果实验条件不在20℃，可根据表3-1校正值对其校正。

表3-1 a_w值的温度校正表

温度/℃	校正值
15	－0.010
16	－0.008
17	－0.006
18	－0.004
19	－0.002
21	＋0.002
22	＋0.004
23	＋0.006
24	＋0.008
25	＋0.010

2. 仪器与试剂

水分活度测定仪、20℃恒温箱、镊子、研钵。

氯化钡饱和溶液。

3. 操作方法

①仪器校正。将两张滤纸浸于$BaCL_2$饱和溶液中，待滤纸均匀地浸湿后，用镊子轻轻地将其放在仪器的样品盒内，然后将具有传感器装置的表头放在样品盒上，轻轻地拧紧，移置于20℃回温箱中恒温3 h后，用小钥匙将表头上的校正螺丝拧动使a_w值读数为0.9。重复上述操作再校正一次。

②样品测定。取试样经15～25℃回温后，果蔬类样品迅速捣碎或按比例取汤汁与固形物，肉和鱼等试样须适当切细，置于仪器样品盒内，保持平整不高出盒内垫圈底部。然后将具有传感器装置的表头置于样品盒上轻轻地拧紧，移置于20℃回温箱中，维持恒温放置2 h以后，不断从仪器表头上观察仪器指针的变化状况，待指针恒定不变时，所指示的数值即为此温度下试样的a_w值。若不是在20℃下恒温测定，按照表3-1校正a_w值。

（二）康卫氏皿扩散法

1. 原理

本法为GB/T 23490—2009方法，在密封、恒温的康卫氏皿中，试样中的自由水与水分活度（a_w）较高和较低的标准饱和溶液相互扩散，达到平衡后，根据试样质量的变化量，求得样品的水分活度。

康卫氏皿扩散法适用于水分活度为 0.00 ~ 0.98 的食品的测量。

2. 仪器

①康卫氏皿（带磨砂玻璃盖）。

②称量皿：直径 35 mm，高 10 mm。

③分析天平感量：0.000 1 g 和 0.1 g。

④恒温培养箱：0 ~ 40℃，精度 ±1℃。

⑤电热恒温鼓风干燥箱。

3. 样品制备

粉末状固体、颗粒固体和糊状样品取至少 20.00 g，代表性样品混匀于密闭玻璃容器内。块状样品取可食部分至少 200 g，在 18 ~ 25℃，湿度 50% ~ 80% 的条件下，迅速切成约小于 3 mm × 3 mm × 3 mm 的小块，不得使用组织捣碎机，混匀后置于密闭的玻璃容器内。

将盛有试样的密闭容器、康卫氏皿及称量皿置于恒温培养箱内，于（25 ± 1）℃条件下，恒温 30 min。取出后立即使用及测定。

分别取 12.00 mL 溴化锂饱和溶液、氯化镁饱和溶液、氯化钴饱和溶液、硫酸钾饱和溶液于 4 只康卫氏皿的外室，用经恒温的称量皿迅速称取与标准饱和盐溶液相等份数的同一试样约 1.50 g，于已知质量的称量皿中（精确至 0.000 1 g），放入盛有标准饱和盐溶液的康卫氏皿的内室。沿康卫氏皿上口平行移动盖好涂有凡士林的磨砂玻璃片，放入（25 ± 1）℃的恒温培养箱内。恒温 24 h，取出盛有试样的称量皿，加盖，立即称量（精确至 0.000 1 g）。

预测定结果的计算：试样质量的增减量的计算为

$$m^* = \frac{m_1 - m}{m - m_0}$$

式中，m^* 为试样质量的增减量，g/g；m_1 为 25℃扩散平衡后，试样和称量皿的质量，g；m 为 25℃扩散平衡前，试样和称量皿的质量，g；m_0 为称量皿的质量，g。

4. 试样的测定及结果计算

依据预测定结果，分别选用水分活度数值大于和小于试样预测结果值的饱和盐溶液各 3 种，各取 12.00 mL。注入康卫氏皿的外室。迅速称取与标准饱和盐溶液相等份数的同一试样约 1.50 g，于已知质量的称量皿中（精确至 0.000 1 g），放入盛有标准饱和盐溶液的康卫氏皿的内室。沿康卫氏皿上口平行移动盖好涂有凡士林的磨砂玻璃片，放入（25 ± 1）℃

的恒温培养箱内。恒温 24 h，取出盛有试样的称量皿，加盖，立即称量（精确至 0.000 1 g）。

结果计算同预测定。取横坐标截距值，即为该样品的水分活度值。当符合允许差所规定的要求时，取 3 次平行测定的算术平均值作为结果。计算结果保留 3 位有效数字。

第二节 灰分和酸类物质的检测

一、灰分测定

食品的组成非常复杂，除了大分子的有机物外，还含有许多无机物质，当在高温灼烧灰化时将会发生一系列的变化，其中的有机成分经燃烧、分解而挥发逸散，无机成分则留在残灰中。食品经灼烧后的残留物就叫灰分。所以，灰分是食品中无机成分总量的标志。

灰分测定内容包括总灰分、水溶性灰分、水不溶性灰分、酸不溶性灰分等。

（一）总灰分分析

1. 原理

将一定量的样品经炭化后放入高温炉内灼烧，有机物中的碳、氢、氮被氧化分解，以二氧化碳、氮的氧化物及水等形式逸出，另有少量的有机物经灼烧后生成的无机物，以及食品中原有的无机物均残留下来，这些残留物即为灰分。对残留物进行称量即可检测出样品中总灰分的含量。

2. 操作条件的选择

（1）灰化容器

测定灰分通常以坩埚作为灰化的容器。坩埚分为素烧瓷坩埚、铂坩埚、石英坩埚，其中最常用的是素烧瓷坩埚。它的物理和化学性质与石英坩埚相同，具有耐高温、内壁光滑、耐酸、价格低廉等优点。但它在温度骤变时易破裂，抗碱性能差，当灼烧碱性食品时，瓷坩埚内壁釉层会部分溶解，反复多次使用后，往往难以得到恒重。在这种情况下宜使用新的瓷坩埚，或使用铂坩埚等其他灰化容器。铂坩埚具有耐高温、耐碱、导热性好、吸湿性小等优点，但其价格昂贵，所以应特别注意使用规则。

近年来，某些国家采用铝箔杯作为灰化容器，比较起来，它具有自身质量轻、在 525 ~ 600℃范围内能稳定地使用、冷却效果好、在一般温度条件下没有吸潮性等优点。如果将杯子上缘折叠封口，基本密封好，冷却时可不放入干燥器中，几分钟后便可降到室温，缩短了冷却时间。

灰化容器的大小应根据样品的形状来选用，液态样品、加热易膨胀的含糖样品及灰分含量低、取样量较大的样品，须选用稍大些的坩埚，但灰化容器过大会使称量误差增大。

（2）取样量

测定灰分时，取样量应根据样品的种类、性状及灰分含量的高低来确定。食品中灰分的含量一般比较低，例如，谷类及豆类为1% ~ 4%，鲜果为0.2% ~ 1.2%，蔬菜为0.5% ~ 2%，鲜肉为0.5% ~ 1.2%，鲜鱼（可食部分）0.8% ~ 2%，乳粉5% ~ 5.7%，而精糖只有0.01%。所以，取样时应考虑称量误差，以灼烧后得到的灰分质量为10 ~ 100 mg来确定称样量。通常乳粉、麦乳精、大豆粉、调味料、鱼类及海产品等取1 ~ 2 g，谷类及其制品、肉及其制品、糕点、牛乳等取3 ~ 5 g，蔬菜及其制品、砂糖及其制品、淀粉及其制品、蜂蜜、奶油等取5 ~ 10 g，水果及其制品取20 g，油脂取50 g。

（3）灰化温度

灰化温度一般在500 ~ 550℃范围内，各类食品因其中无机成分的组成、性质及含量各不相同，灰化温度也有所不同。果蔬及其制品、肉及肉制品、糖及糖制品不高于525℃；谷类食品、乳制品（奶油除外）、鱼类、海产品、酒不高550℃；奶油不高于500℃；个别样品（如谷类饲料）可以达到600℃。灰化温度过高，会引起钾、钠、氯等元素的损失，而且碳酸钙变成氧化钙、磷酸盐熔融，将炭粒包裹起来，使炭粒无法氧化；灰化温度过低，又会使灰化速度慢、时间长，且易造成灰化不完全，也不利于除去过剩的碱（碱性食品）所吸收的二氧化碳。因此，必须根据食品的种类、测定精度的要求等因素，选择合适的灰化温度，在保证灰化完全的前提下，尽可能减少无机成分的挥发损失和缩短灰化时间。

（4）灰化时间

一般要求灼烧至灰分显白色或浅灰色并达到恒重为止。灰化至达到恒重的时间因样品的不同而异，一般需要灰化2 ~ 5 h。通常是根据经验在灰化一定时间后，观察一次残灰的颜色，以确定第一次取出冷却、称重的时间，然后再放入炉中灼烧，直至达到恒重为止。应该指出，有些样品，即使灰化完全，残灰也不一定显白色或浅灰色，例如，含铁量高的食品，残灰显褐色；含锰、铜量高的食品，残灰显蓝绿色。有时即使残灰的表面显白色内部仍然残留有炭粒。所以，应根据样品的组成、残灰的颜色，对灰化的程度做出正确的判断。

（5）加速灰化的方法

对于难灰化的样品，可以采取下述方法来加速灰化的进行。

①样品初步灼烧后，取出冷却，加入少量的水，使水溶性盐类溶解，被熔融磷酸盐所

包裹的炭粒重新游离出来。在水浴上加热蒸去水分，置 120 ~ 130℃烘箱中充分干燥，再灼烧至恒重。

②添加硝酸、乙醇、过氧化氢、碳酸铵等，这些物质在灼烧后完全消失，不增加残灰质量。例如，样品经初步灼烧后，冷却，可逐滴加入硝酸（1 ：1）4 ~ 5 滴，以加速灰化。

③添加碳酸钙、氧化镁等惰性不溶物，这类物质的作用纯属机械性的，它们与灰分混在一起，使炭粒不受覆盖。采用此法应同时做空白试验。

3. 操作方法

准确称量经过 1 ：4 盐酸洗净、编号、恒重的瓷坩埚，在坩埚内准确称取经预处理后的样品适量，置于电炉或煤气灯上，半盖坩埚盖，小心加热。将样品炭化至无黑烟冒出，移入 500 ~ 600℃的高温炉中。坩埚盖斜倚在坩埚口上，关闭炉门，灼烧一定时间，打开炉门，将坩埚小心移至炉门口，冷却至红热退去（约 200℃），移入干燥器中冷却至室温，准确称量。灰分应呈白色或浅灰色，无黑色炭粒存在。再将坩埚置高温炉中灼烧约 30 min。取出冷却，称量，直至达到恒重。

4. 结果计算

$$灰分(\%)=\frac{m_3-m_1}{m_2-m_1}\times 100$$

式中，m_1 为坩埚质量，g；m_2 为样品加坩埚质量，g；m_3 为残灰加坩埚质量，g。

5. 说明及注意事项

①灰分大于 10g/100 g 的样品精确称取至 2.000 0 ~ 3.000 0 g；灰分含量小于 10 g/100 g，精确称取至 3.000 0 ~ 10.000 0 g。

②炭化是为了防止在灼烧过程中，样品中的水分在高温下急剧蒸发挟带少量样品飞扬，还可防止样品中的糖、蛋白质、淀粉在高温下发泡膨胀而溢出坩埚。注意控制温度，防止产生大量泡沫溢出坩埚和引起火苗燃烧。

③把坩埚放入高温炉或从炉中取出时，应注意先在炉口停留片刻，使坩埚预热或预冷却，以防因温度剧变而致坩埚破裂。

④热的坩埚移入干燥器内，在冷却过程中会形成真空状态，使干燥器的盖子不易打开，此时应将干燥器的盖子向一边慢慢平行推移，防止由于空气的突然进入导致灰分的飞散。

⑤重复灼烧至前后 2 次称量值的差不超过 0.5 mg 即可认为达到恒重。

⑥灰化后的灰分还可用于测定大多数的矿物元素。

⑦如果添加了助灰剂，则同时做一个空白试验。

（二）水溶性和水不溶性灰分分析

水溶性灰分和水不溶性灰分是根据它们在水中的溶解状态划分的。水溶性灰分主要是钾、钠、钙、镁等的金属氧化物及可溶性盐类。水不溶性化合物主要是铁、铝等的金属氧化物、碱土金属的碱式磷酸盐和混入原料半成品及成品中的泥沙等。

1. 原理

将测定所得的总灰分用适量的无离子水充分加热溶解，用无灰滤纸过滤，将滤渣及滤纸重新灼烧灰化至恒重，得到水不溶性灰分的含量，用总灰分的含量减去水不溶性灰分的含量即可得水溶性灰分的含量。

2. 仪器与试剂

同总灰分含量的测定。

3. 操作方法

先按总灰分的测定方法得到总灰分的含量，再向灰分中加入 25 mL 无离子水，加热至沸，使之充分溶解；选用无灰滤纸过滤，用适量热的无离子水分次洗涤坩埚、滤纸及残渣，洗涤用水量以最后总滤液量不超过 60 mL 为宜。将残渣连同滤纸移回原测总灰分用的坩埚中，置水浴上蒸发至近干，经炭化、灼烧、冷却、称量直至达到恒重。

4. 结果计算

按下式计算样品水不溶性灰分的含量：

$$\text{水不溶灰分}(\%)=\frac{m_3-m_1}{m_2-m_1}\times 100$$

式中，m_1 为坩埚质量，g；m_2 为样品加坩埚质量，g；m_3 为不溶性灰分加坩埚质量，g。

按下式计算样品水溶性灰分的含量：

水溶性灰分（%）＝总灰分（%）－水不溶性灰分（%）

5. 说明及注意事项

①炭化要彻底。

②过滤时应选择无灰滤纸。

③加热和过滤时不要有损失。

（三）酸不溶性灰分分析

向总灰分或水不溶性灰分中加入 25 mL 0.1 mol/L 盐酸。以下操作同水不溶性灰分的测定，按下式计算酸不溶性灰分的质量分数。

$$酸不溶性灰分(\%)=\frac{m_3-m_1}{m_2-m_1}\times100$$

式中，m_1 为坩埚质量，g；m_2 为样品加坩埚质量，g；m_3 为酸不溶性灰分加坩埚质量，g。

二、酸类物质的测定

食品中的酸类物质包括有机酸、无机酸、酸式盐以及某些酸性有机化合物（如单宁、蛋白质分解产物等）。这些酸有的是食品中本身固有的，例如，果蔬中含有苹果酸、柠檬酸、酒石酸、醋酸、草酸，鱼肉类中含有乳酸等；有的是外加的，如配制型饮料中加入的柠檬酸；有的是因发酵而产生的，如酸奶中的乳酸。

酸度可分为总酸度、有效酸度和挥发酸度。

（一）总酸度分析

总酸度是指食品中所有酸性物质的总量，包括离解的和未离解的酸的总和，常用标准碱溶液进行滴定，并以样品中主要代表酸的质量分数来表示，故总酸又称为可滴定酸度。

1. 原理

食品中的酒石酸、苹果酸、柠檬酸、草酸、乙酸等其电离常数均大于 10^{-8}，可以用强碱标准溶液直接滴定，用酚酞做指示剂，当滴定至终点（溶液呈浅红色，30 s 不褪色）时，根据所消耗的标准碱溶液的浓度和体积，可计算出样品中总酸含量。

2. 仪器与试剂

组织捣碎机、水浴锅、研钵、冷凝管。

0.100 0 mol/L、0.010 00 mol/L，0.050 00mol/L NaOH 标准滴定溶液，1% 酚酞溶液。

① 0.1 mol/L NaOH 标准溶液：称取氢氧化钠（AR）120 g 于 250 mL 烧杯中，加入蒸馏水 100 mL，振摇使之溶解成饱和溶液，冷却后注入聚乙烯塑料瓶中，密闭，放置数日澄清后备用。准确吸取上述溶液的上层清液 5.6 mL，加新煮沸过并已冷却的无二氧化碳蒸馏水至 1 000 mL，摇匀。

标定：精密称取 0.4 ~ 0.6g（准确至 0.000 1 g）经 105 ~ 110℃烘箱干燥至恒重的基准邻苯二甲酸氢钾，加 50 mL 新煮沸过的冷蒸馏水，振摇使其溶解，加酚酞指示剂 2 ~ 3 滴，用配制的 NaOH 标准溶液滴定至溶液呈微红色 30 s 不褪色为终点。同时做空白试验。计算式如下：

$$c=\frac{m\times 1000}{\left(V_1-V_2\right)\times 204.2}$$

式中，c 为氢氧化钠标准溶液的浓度，moL/L；m 为基准邻苯二甲酸氢钾的质量，g；V_1 标定时所耗用氢氧化钠标准溶液的体积，mL；V_2 为空白实验中耗用氢氧化钠标准溶液的体积，mL；204.2 表示邻苯二甲酸氢钾的摩尔质量，g/mol。

② 1% 酚酞乙醇溶液：称取 1 g 酚酞溶解于 1 000 mL 95% 乙醇中。

3. 操作方法

（1）样品处理

①固体样品（如干鲜果蔬、蜜饯及罐头）。将样品用粉碎机或高速组织捣碎机捣碎并混合均匀。取适量样品（按其总酸含量而定），用 15 mL 无 CO_2 蒸馏水（果蔬干品须加 8 ~ 9 倍无 CO2 蒸馏水）将其移入 250 mL 容量瓶中，在 75 ~ 80℃水浴上加热 0.5 h（果脯类沸水浴加热 1 h），冷却后定容，用干滤纸过滤，弃去初始滤液 25 mL，收集滤液备用。

②含 CO_2 的饮料、酒类。将样品置于 40℃水浴上加热 30 min，以除去 CO_2，冷却后备用。

③调味品及不含 CO_2 的饮料、酒类。将样品混匀后直接取样，必要时加适量水稀释（若样品浑浊，则须过滤）。

④咖啡样品。将样品粉碎通过 40 目筛，取 10 g 粉碎的样品于锥形瓶中，加入 75 mL 80% 乙醇，加塞放置 16 h，并不时摇动，过滤。

⑤固体饮料。称取 5 ~ 10 g 样品，置于研钵中，加少量无 CO_2 蒸馏水，研磨成糊状，用无 CO_2 蒸馏水加入 250 mL 容量瓶中，充分振摇，过滤。

（2）样品测定

准确吸取上法制备滤液 50 mL，加酚酞指示剂 3 ~ 4 滴，用 0.1 mol/L NaOH 标准溶液滴定至微红色 30 s 不褪色，记录消耗 0.1 mol/L NaOH 标准溶液的体积（mL）。

4. 结果计算

$$\text{总酸度}=\frac{c\times V\times K\times V_0}{m\times V_1}\times 100$$

式中，c 为标准 NaOH 溶液的浓度，mol/L；V 为滴定消耗标准 NaOH 溶液体积，mL；m 为样品质量或体积，g 或 mL；V_0 为样品稀释液总体积，mL；V_1 为滴定时吸取的样液体积，mL；K 为换算系数，即 1 mmol NaOH 相当于主要酸的质量（g）。

5. 说明及注意事项

①食品中的酸是多种有机弱酸的混合物，用强碱滴定测其含量时滴定突跃不明显，其

滴定终点偏碱，一般在值为 8.2 左右，故可选用酚酞做终点指示剂。

②对于颜色较深的食品，因它使终点颜色变化不明显，遇此情况，可通过加水稀释，用活性炭脱色等方法处理后再滴定。若样液颜色过深或浑浊，则宜采用电位滴定法。

③样品浸渍、稀释用的蒸馏水不能含有 CO_2，因为 CO_2 溶于水中以酸性的 H_2CO_3 形式存在，影响滴定终点时酚酞颜色变化，无 CO_2 蒸馏水在使用前应煮沸 15 min 并迅速冷却备用。必要时须经碱液抽真空处理。

④样品中 CO_2 对测定也有干扰，故在测定之前将其除去。

⑤样品浸渍、稀释之用水量应根据样品中总酸含量来慎重选择，为使误差不超过允许范围，一般要求滴定时消耗 0.1 mol/L NaOH 溶液不得少于 5 mL，最好在 10 ~ 15 mL。

（二）有效酸度分析

有效酸度是指样品中呈游离状态的氢离子的浓度（准确地说应该是活度），常用 pH 值表示。常用的测定溶液有效酸度（pH 值）的方法有比色法和电位法（pH 值计法）2 种。

比色法：比色法是利用不同的酸碱指示剂来显示 pH 值，它具有简便、经济、快速等优点，但结果不甚准确，仅能粗略地估计各类样液的 pH 值。

电位法（pH 值计法）：电位法适用于各类饮料、果蔬及其制品，以及肉、蛋类等食品中 pH 值的测定。它具有准确度较高（可准确到 0.01 pH 值单位）、操作简便、不受试样本身颜色的影响等优点，在食品检验中得到广泛的应用。

1. 电位法测定 pH 值的原理

将玻璃电极（指示电极）和甘汞电极（参比电极）插入被测溶液中组成一个电池，其电动势与溶液的 pH 值有关，通过对电池电动势的测量即可测定溶液的 pH 值。

2. 酸度计

酸度计也称为 pH 值计，它是由电计和电极两部分组成。电极与被测液组成工作电池，电池的电动势用电计测量。目前各种酸度计的结构越来越简单、紧凑，并趋向数字显示式。

3. 食品 pH 值的测定

（1）样品处理

①果蔬样品。将果蔬样品榨汁后，取其压榨汁直接进行测定。对于果蔬干制品，可取适量样品，加数倍的无 CO_2 蒸馏水，在水浴上加热 30 min，再捣碎，过滤，取滤液进行测定。

②肉类制品。称取 10 g 已除去油脂并绞碎的样品，置于 250 mL 锥形瓶中，加入 100 mL 无 CO_2 蒸馏水，浸泡 15 min（随时摇动）。干滤，取滤液进行测定。

③罐头制品（液固混合样品）。将内容物倒入组织捣碎机中，加适量水（以不改变

pH 值为宜）捣碎，过滤，取滤液进行测定。

④对含 CO_2 的液体样品（如碳酸饮料、啤酒等），要先去除 CO_2，其方法同“总酸度测定”。

（2）样液 pH 值的测定

用蒸馏水冲洗电极和烧杯，再用样液洗涤电极和烧杯。然后将电极浸入样液中，轻轻摇动烧杯，使溶液均匀。调节温度补偿器至被测溶液温度，按下读数开关，指针所指之值，即为样液的 pH 值。测量完毕后，将电极和烧杯清洗干净，并妥善保管。

（三）挥发酸分析

挥发酸是指易挥发的有机酸，如醋酸、甲酸及丁酸等可通过蒸馏法分离，再用标准碱溶液进行滴定。挥发酸含量可用间接法或直接法测定。

①间接法。间接法是先用标准碱滴定总酸度，将挥发酸蒸发去除后，再用标准碱滴定非挥发酸的含量，两者的差值即为挥发酸的含量。

②直接法。直接法是用水蒸气蒸馏法分离挥发酸，然后用滴定方法测定其含量。直接法操作简单、方便，适合挥发酸含量较高的样品测定。

如果样品挥发酸含量很低，则应采用间接法。

1. 原理

样品经处理后，在酸性条件下挥发酸能随水蒸气一起蒸发，用碱标准溶液滴定，计算挥发酸的质量分数。

2. 仪器与试剂

（1）仪器

蒸馏装置，主要由水蒸气发生器、样品瓶、冷凝管、接收瓶以及电炉等组成。

（2）试剂

① 0.050 00 mol/L、0.010 00 mol/L 氢氧化钠标准溶液。

②磷酸溶液［ρ = 10 g/（100 mL）］。

③ 10 g/L 酚酞指示液；盐酸溶液（1 + 4）。

④ 0.005 000 mol/L 碘标准溶液。

⑤ 5 g/L 淀粉指示液。

⑥硼酸钠饱和溶液。

3. 操作方法

（1）一般样品

安装好蒸馏装置。准确称取均匀样品 2.00 ~ 3.00 g，加 50 mL 煮沸过的蒸馏水和 1 mL 磷酸溶液［$\rho = 10$ g/（100 mL）］。连接水蒸气蒸馏装置，加热蒸馏至馏出液 300 mL。馏出液加热至 60 ~ 65℃，加入酚酞指示剂 3 ~ 4 滴，用 0.100 0 mol/L 氢氧化钠标准溶液滴定至微红色，30 s 内不褪色为终点。

（2）葡萄酒或果酒

以蒸馏的方式蒸出样品中的低沸点酸类即挥发酸，用碱标准溶液滴定，再测定游离二氧化硫和结合二氧化硫，通过计算与修正，得出样品中挥发酸含量。

①实测挥发酸。准确量取 10 mL 样品（V，液温 20℃）进行蒸馏，收集 100 mL 馏出液，将馏出液加热至沸，加入 2 滴酚酞指示液，用 0.050 00 mol/L 氢氧化钠标准溶液滴定至粉红色，30 s 内不变色即为终点，记下消耗氢氧化钠标准溶液的体积（V_1）。

②测定游离二氧化硫。于上述溶液中加 1 滴盐酸溶液酸化，加 2 mL 淀粉指示液和几粒碘化钾，混匀后用碘标准溶液滴定，得出碘标准溶液消耗的体积（V_2）。

③测定结合二氧化硫。在上述溶液中加硼酸钠饱和溶液至显粉红色，继续用碘标准溶液滴定至溶液呈蓝色，得到碘标准溶液消耗的体积（V_3）。

④样品中实测挥发酸的质量分数的计算。如果挥发酸接近或超过理化指标时，须进行修正，其计算公式为：

$$\omega = \frac{c \times (V_1 - V_2) \times 0.060}{m} \times 100$$

式中，ω 为样品中挥发酸的质量分数（以乙酸计），g/（100 g）；c 为氢氧化钠标准溶液的浓度，mol/L；V_1 为样液消耗氢氧化钠标准溶液的体积，mL；V_2 为空白实验时消耗氢氧化钠标准溶液的体积，mL；0.060 为乙酸的换算系数；m 为样品质量，g。

$$\rho_1 = \frac{c \times V_1 \times 0.060}{V} \times 100$$

式中，ρ_1 为样品中实测挥发酸的质量浓度（以乙酸计），g/（100 mL）；c 为氢氧化钠标准溶液的浓度，mol/L；V_1 为消耗氢氧化钠标准溶液的体积，mL；0.060 为乙酸的换算系数；V 为吸取样品的体积，ml。

$$\rho=\rho_1-\frac{c_2\times V_2\times 0.032\times 1.875}{V}\times 100-\frac{c_2\times V_3\times 0.032\times 0.9375}{V}\times 100$$

式中，ρ 为样品中真实挥发酸的质量浓度（以乙酸计），g/（100 mL）；ρ_1 为实测挥发酸的质量浓度，g/（100 mL）；c_2 为碘标准溶液的浓度，mol/L；V_2 为测定游离二氧化硫消耗碘标准溶液的体积，mL；V_3 为测定结合二氧化硫消耗碘标准溶液的体积，mL；0.032 为二氧化硫的转换系数；1.875 为 1 g 游离二氧化硫相当于乙酸的质量，g；0.937 5 为 1 g 结合二氧化硫相当于乙酸的质量，g；V 为吸取样品的体积，mL。

4. 说明及注意事项

①样品挥发酸若直接蒸馏，而不采用水蒸气蒸馏，则很难将挥发酸都蒸馏出来，因为挥发酸与水构成一定百分比的混溶体，并有固定的沸点。若采用水蒸气，则挥发酸和水蒸气是与水蒸气分压成比例地从溶液中一起被蒸馏出来，因而可加速挥发酸的蒸馏分离。

②本方法适用于各类饮料、果蔬及其制品（如发酵制品、酒等）中总挥发酸含量的测定。

③溶液中加入磷酸可使结合态的挥发酸游离出来，使结果更准确。

④样品中若含有 CO_2、SO_2 等易挥发性成分，对结果有干扰，须去除 CO_2，排除方法同上。SO_2 排除方法如下：在已用标准碱滴定过的蒸馏液中加入 5 mL 25% 硫酸酸化，以淀粉溶液为指示剂，用 0.002 mol/L 碘液滴定至蓝色，10 s 不褪色即为滴定终点，从计算结果中扣除。

第三节　脂类和碳水化合物的检测

一、脂类的测定

脂肪、蛋白质和糖类是自然界存在的三大重要物质，是食品的三大主要成分，脂类为人体的新陈代谢提供所需的能量和碳源、必需脂肪酸、脂溶性维生素和其他脂溶性营养物质，同时也赋予了食品特殊的风味和加工特性。脂肪是一大类天然有机化合物，它的定义为混脂肪酸甘油三酯的混合物。食品中的脂类主要包括脂肪（甘油三酸酯）和一些类脂化合物（如脂肪酸、糖脂、甾醇、磷脂等）。

脂肪在长期存放过程中易产生一系列的氧化作用和其他化学变化而变质。变质的结果不仅使油脂的酸价增高，而且由于氧化产物的积聚而呈现出色泽、口味及其他变化，从而导致其营养价值降低。因此，对油脂进行理化指标的检测以保证食用安全是必要的。

（一）酸水解法

某些食品，其所含脂肪包含于组织内部，如面粉及其焙烤制品（面条、面包之类）；由于乙醚不能充分渗入样品颗粒内部，或由于脂类与蛋白质或碳水化合物形成结合脂，特别是一些容易吸潮、结块、难以烘干的食品，用索氏抽提法不能将其中的脂类完全提取出来，这时用酸水解法效果就比较好。即在强酸、加热的条件下，使蛋白质和碳水化合物水解，使脂类游离出来，然后再用有机溶剂提取。本法适用于各类食品中总脂肪含量的测定，但对含磷脂较多的一类食品，如鱼类、贝类、蛋及其制品，在盐酸溶液中加热时，磷脂几乎完全分解为脂肪酸和碱，使测定结果偏低，多糖类遇强酸易炭化，会影响测定结果。本方法测定时间短，在一定程度上可防止脂类物质的氧化。

1. 原理

将试样与盐酸溶液一起加热进行水解，使结合或包埋在组织内的脂肪游离出来，再用有机溶剂提取脂肪，回收溶剂，干燥后称量，提取物的质量即为样品中脂类的含量。

2. 仪器与试剂

100 mL 具塞刻度量筒。

乙醇（体积分数 95%）、乙醚（无过氧化物）、石油醚（30 ~ 60℃）、盐酸。

3. 操作方法

（1）样品处理

①固体样品。精确称取约 2.0 g 样品于 50 mL 大试管中，加 8 mL 水，混匀后再加 10 mL 盐酸。

②液体样品。精确称取 10.0 g 样品于 50 mL 大试管中，加入 10 mL 盐酸。

（2）水解

将试管放入 70 ~ 80℃水浴中，每隔 5 ~ 10 min 搅拌一次，至脂肪游离完全为止，约需 40 ~ 50 min。

（3）提取

取出试管加入 10 mL 乙醇，混合，冷却后将混合物移入 100 mL 具塞量筒中，用 25 mL 乙醚分次洗涤试管，一并倒入具塞量筒中，加塞振摇 1 min，小心开塞放出气体，再塞好，静置 15 min，小心开塞，用乙醚－石油醚等量混合液冲洗塞及筒口附着的脂肪。静置 10 ~ 20 min，待上部液体清晰，吸出上清液于已恒重的锥形瓶内，再加 5 mL 乙醚于具塞量筒内，振摇，静置后，仍将上层乙醚吸出，放入原锥形瓶内。

（4）回收溶剂、烘干、称重

将锥形瓶于水浴上蒸干后，于 100 ~ 105℃烘箱中干燥 2 h，取出放入干燥器内冷却 30 min 后称量，反复进行以上操作直至恒重。

4. 结果计算

$$\omega\text{湿基} = \frac{m_2 - m_1}{m} \times 100\%$$

$$\omega\text{干基} = \frac{m_2 - m_1}{m(100\% - M)} \times 100\%$$

式中，ω 为脂类质量分数，%；m_2 为锥形瓶和脂类质量，g；m_1 空锥形瓶的质量，g；m 为试样的质量，g；M 为试样中水分的含量，%。

5. 说明及注意事项

①固体样品必须充分磨细，液体样品必须充分混匀，以便充分水解。

②水解时应使水分大量损失，使酸浓度升高。

③水解后加入乙醇可使蛋白质沉淀，降低表面张力，促进脂肪球聚合，还可以使碳水化合物、有机酸等溶解。用乙醚提取脂肪时，由于乙醇可溶于乙醚，所以需要加入石油醚，以降低乙醇在乙醚中的溶解度，使乙醇溶解物残留在水层，使分层清晰。

④挥干溶剂后，残留物中如有黑色焦油状杂质，是分解物与水混入所致，将使测定值增大，造成误差，可用等量乙醚及石油醚溶解后过滤，再次进行挥干溶剂的操作。

（二）索氏抽提法

1. 原理

经前处理的样品用无水乙醚或石油醚等溶剂回流抽提，使样品中的脂肪进入溶剂中，蒸去溶剂后的物质称为脂肪或粗脂肪。因为除脂肪外，还含有色素及挥发油、树脂、蜡等物质。抽提法所测得的脂肪为游离脂肪。本法适用于脂类含量较高、结合态脂类含量较少、能烘干磨细、不易吸湿结块样品的测定。

2. 仪器与试剂

索氏抽提器、恒温水浴锅、乙醚脱脂过的滤纸。

无水乙醚或石油醚、海砂。

3. 操作方法

①固体样品。精确称取 2.00 ~ 5.00 g（可取测定水分后的样品），必要时拌以海砂，

全部移入滤纸筒内。

②液体或半固体样品。称取 5.00 ~ 10.00 g 于蒸发皿中，加海砂约 20 g，于沸水浴上蒸干后，于（100 ± 5）℃干燥，研细，全部移入滤纸筒内。蒸发皿及附有样品的玻棒。均用蘸有乙醚的脱脂棉擦净，并将棉花放入滤纸筒内。

将滤纸筒放入脂肪抽提器的抽提管内，连接已干燥至恒量的接收瓶，由抽提器冷凝管上端加无水乙醚或石油醚至瓶容积的 2/3 处，于水浴上加热，使乙醚或石油醚回流提取，一般抽提 6 ~ 12 h。取下接收瓶，回收乙醚或石油醚，待接收瓶内乙醚剩 1 ~ 2 mL 时，在水浴上蒸干，再于（100 ± 5）℃干燥 2 h，放干燥器内冷却 0.5 h 后称量，并重复操作至恒量。结果按下式计算：

$$\omega = \frac{m_1 - m_0}{m_2} \times 100\%$$

式中，ω 为样品中脂肪的质量分数，g/（100 g）（湿基）；m_1 为接收瓶和脂肪的质量，g；m_0 为接收瓶的质量，g；m_2 为样品的质量（如果是测定水分后的干样品，按测定水分前的质量计），g。

4. 说明及注意事项

①本法是经典分析方法，是国家标准方法之一，适用于肉制品、豆制品、谷物、坚果、油炸果品和中西式糕点等粗脂肪的测定，不适用于乳及乳制品。

②对含糖及糊精量多的样品，要先用冷水使糖及糊精溶解，经过滤除去，将残渣连同滤纸一起烘干，放入抽提管中。

③样品必须干燥，因水分妨碍有机溶剂对样品的浸润。装样品的滤纸筒要严密，防止样品泄露。滤纸筒的高度不要超过回流弯管，否则，样品中的脂肪不能抽提，造成误差。

④本法要求溶剂必须无水、无醇、无过氧化物，挥发性残渣含量低。否则水和醇可导致糖类及盐类等水溶性物质溶出，测定结果偏高；过氧化物会造成脂肪氧化。过氧化物的检查方法：取 6 mL 乙醚，加 2 mL 10 g/（100 mL）碘化钾溶液，用力振摇，放 1 min 后，若出现黄色，则有过氧化物存在，应另选乙醚或处理后再用。

⑤溶剂在接收瓶中受热蒸发至冷凝管中，冷凝后进入装有样品的抽提管。当抽提管内溶剂达到虹吸管顶端时，自动吸入接收瓶中。如此循环，抽提管中溶剂均为重蒸溶剂，从而提高提取效率。

⑥提取时水浴温度：夏天约 65℃，冬天约 80℃，以 80 滴 /min，每小时回流 6 ~ 12 次为宜，提取过程注意防火。

⑦抽提是否完全可凭经验，也可用滤纸或毛玻璃检查。由抽提管下口滴下的乙醚滴在滤纸或毛玻璃上，挥发后不留下油迹表明已抽提完全。

⑧挥发乙醚或石油醚时，切忌用火直接加热。放入烘箱前应全部驱除残余乙醚，防止发生爆炸。

⑨反复加热因脂类氧化而增量，应以增量前的质量作为恒量。

（三）罗紫－哥特里法

重量法中的罗紫－哥特里法（又称为碱性乙醚法）适用于乳、乳制品及冰激淋中脂肪含量的测定，也是乳与乳制品中脂类测定的国际标准方法。一般采用湿法提取，重量法定量。

1. 原理

利用氨－乙醇溶液破坏乳品中的蛋白胶体及脂肪球膜，使其非脂肪成分溶解于氨－乙醇溶液中，从而将脂肪球游离出来，用乙醚－石油醚提取脂肪，再经蒸馏分离得到乳脂肪的含量。

2. 仪器与试剂

抽脂瓶（内径 2.0 ～ 2.5 cm，体积 100 mL）。

石油醚（沸程为 30 ～ 60℃）、乙醚、乙醇、25% 氨水（相对密度为 0.91）。

3. 操作方法

准确称取 1 ～ 1.2 g 样品，加入 10 mL 蒸馏水溶解（液体样品直接吸取 10.00 mL），置于抽脂瓶中，加入浓氨水 1.25 mL，盖好盖后充分混匀，置于 60℃水浴中加热 5 min，振摇 2 min 再加入 10 mL 乙醇后充分混合，于冷水中冷却后加乙醚 25 mL，用塞子塞好后振摇 0.5 min。最后加 25 mL 石油醚振摇 0.5 min，小心开塞放出气体。

静置 30 min 使上层液体澄清后读取醚层的总体积(采用分液漏斗是要等上层液澄清后，将装废液的小烧杯置于漏斗下，并将瓶盖打开，旋开活塞，让下部的水层缓缓流出，水层完全放出后，关上活塞，从瓶口将澄清、透明的脂肪层倒至已恒重的干燥瓶中。用 5 ～ 10 mL 的乙醚洗涤分液漏斗 2 次或 3 次，洗液一并倒入倒烧瓶中，按上述方法回收乙醚并干燥)。放出醚层至已恒重的烧瓶中，记录放出的体积。蒸馏回收乙醚后，烧瓶放在水浴上赶尽残留的溶剂，置于（102 ± 2）℃的干燥箱中干燥 2 h，取出后再于干燥器内冷却 0.5 h 后称重，反复干燥至恒重（前后 2 次质量差≤ 1 mg）。

4. 结果计算

$$\omega = \frac{m_1 - m_0}{m\left(V_1 / V_0\right)} \times 100$$

式中，ω为样品中脂肪的质量分数（或质量浓度），%（或 g/100 mL）；m_1为烧瓶与脂肪的质量，g；m_0为烧瓶的质量，g；m为样品的质量或体积，g 或 mL；V_1为乙醚层的总体积，mL；V_0为放出乙醚层的体积，mL。

5. 说明及注意事项

①罗紫 – 哥特里法适用于各种乳及乳制品的脂肪分析，也是 FAO、WHO 采用的乳及乳制品脂类定量分析的国际方法。

②由于乳类中的脂肪球被其中的酪蛋白钙盐包裹，并处于高度分散的胶体溶液中，所以乳类中的脂肪球不能直接被溶剂提取。

③操作时加入石油醚可以减少抽出液中的水分，使乙醚不与水分混溶，大大减少了可溶性非脂肪成分的抽出，石油醚还可以使分层更清晰。

④如果使用具塞量筒，澄清液可以从管口倒出，或装上吹管吹出上清液，但不要搅动下层液体。

⑤此方法除了可以用于各种液态乳及乳制品中脂肪的测定外，还可以用于豆乳或加水呈乳状食品中脂肪的测定。

⑥加入氨水后要充分混匀，否则会影响下一步中醚对脂肪的提取。

⑦加入乙醇与石油醚的作用与前文酸水解法相同。

（四）巴布科克法和盖勃氏法

巴布科克法和盖勃氏法适用于鲜乳及乳制品中脂肪的测定。对含糖多的乳品（如甜炼乳、加糖乳粉等），用此法时糖易焦化，使结果误差较大，故不宜采用。样品不须事前烘干，操作简便、快速。对大多数样品来说可以满足要求，但不如重量法准确。

1. 原理

用浓硫酸溶解乳中的乳糖和蛋白质等非脂成分，将乳中的酪蛋白钙盐转变成可溶性的重硫酸酪蛋白，使脂肪球膜被破坏，脂肪游离出来，再通过加热离心，使脂肪能充分分离，在脂肪瓶中直接读取脂肪层，从而得出被检乳的含脂率。

2. 仪器与试剂

（1）仪器

①巴布科克氏乳脂瓶。颈部刻度有 0.0% ~ 0.8%、0.0% ~ 10.0% 2 种，最小刻度值为 0.1%。

②盖勃氏乳脂计及盖勃氏离心机。颈部刻度有 0.0% ~ 0.8%，最小刻度值为 0.1%。

③标准移乳管（17.6 mL、11mL）。

④离心机。

（2）试剂

①浓硫酸：相对密度 1.816 ~ 1.825（20℃）。

②异戊醇：相对密度 0.811 ~ 0.812（20℃），沸程 128 ~ 132℃。

3. 操作方法

（1）巴布科克法

以标准移乳管吸取 20℃均匀鲜乳 17.6 mL。置入巴布科克氏乳脂瓶中，沿瓶颈壁缓缓注入 17.5 mL 浓硫酸（15 ~ 20℃），手持瓶颈回旋，使液体充分混匀，直至无凝块并显均匀的棕色。将乳脂瓶放入离心机，以约 1 000 r/min 的速度离心 5 min，取出加入 60℃以上的热水，至液面完全充满乳脂瓶下方的球部，再离心 2 min，取出后再加入 60℃以上的热水，至液面接近瓶颈刻度标线约 4% 处，再离心 1 min。取出后将乳脂瓶置于 55 ~ 60℃的水浴中。保温数分钟，待脂肪柱稳定后，即可读取脂肪百分比（读数时以上端凹面最高点为准）。

（2）盖勃氏法

在乳脂计中加入 10 mL 硫酸（颈口勿沾湿硫酸），沿管壁缓缓地加入混匀的牛乳 11 mL，使样品和硫酸不要混合；然后加 1 mL 异戊醇，用橡皮塞塞紧，用布包裹瓶口（以防冲出酸液溅蚀衣服），将瓶口向下向外用力振摇，使之成为均匀液，无块粒存在，呈均匀棕色液体，瓶口向下静置数分钟后，置于 65 ~ 70℃水浴中放 5 min，取出擦干，调节橡皮塞使脂肪柱在乳脂计的刻度内。放入离心机中，以 800 ~ 1 000 r/min 的转速离心 5 min，取出乳脂计，再置于 65 ~ 70℃水浴中放 5 min（注意水浴水面应高于乳脂计脂肪层），取出后立即读数，脂肪层上下弯月面下数字之差即为脂肪的质量分数。

4. 说明及注意事项

①硫酸的浓度必须按方法规定的要求严格遵守，过浓会使乳炭化成黑色溶液而影响读数；过稀则不能使酪蛋白完全溶解，使测定结果偏低或使脂肪层浑浊。硫酸的作用既能破坏脂肪球膜，使脂肪游离出来，又能增加液体的相对密度，使脂肪容易浮出。

②加热（65 ~ 70℃水浴中）和离心的目的是促使脂肪离析。

③巴布科克法中采用 17.6 mL 的吸管取样，实际上注入巴氏瓶中的只有 17.5 mL。牛乳的相对密度为 1.03，故样品质量为 17.5 × 1.03 = 18 g。

巴氏瓶颈一大格体积为 0.2 mL，在 60℃左右，脂肪的平均相对密度为 0.9，故当整个巴氏瓶颈被脂肪充满时，其脂肪质量为 0.2 × 10 × 0.9 = 1.8 g。18 g 样品中含 1.8 g 脂肪即瓶颈全部刻度表示为脂肪含量 10%，每一大格表示 1% 的脂肪。故巴氏瓶颈刻度读数即直接为样品中脂肪的质量分数。

④罗紫 – 哥特里法、巴布科克法和盖勃氏法都是测定乳脂肪的标准分析方法。其准确度依次降低。

二、碳水化合物的测定

碳水化合物也称为糖水化合物，是由 C、H、O 3 种元素组成的一大类化合物，是人和动物所需热能的重要来源，一些糖与蛋白质、脂肪等结合生成糖蛋白和糖脂，这些物质都具有重要的生理功能。食品中的碳水化合物不仅能提供热量，而且还是改善食品品质、组织结构、增加食品风味的食品加工辅助材料。如变性淀粉、环糊精、果胶在食品工业中的应用越来越广泛，具有特别重要的意义。

在食品加工工艺中，糖类对食品的形态、组织结构、理化性质及其色、香、味等都有很大的影响，同时，糖类的含量还是食品营养价值高低的重要标志，也是某些食品重要的质量指标。碳水化合物的测定是食品的主要分析项目之一。糖类又分为总糖、还原性糖、蔗糖等，本书分别讨论各种糖类物质的测定方法。

（一）总糖分析

许多食品中共存多种单糖和低聚糖，这些糖有的是来自原料，有的是生产过程中人为加入的，有的则是在加工过程中形成的（如蔗糖水解为葡萄糖和果糖）。对这些糖分别加以测定是比较困难的，通常也是不必要的。食品生产中通常需要测定其总量，这就提出了“总糖”的概念，这里所讲的总糖指具有还原性的（葡萄糖、果糖、乳糖、麦芽糖等）和在测定条件下能水解为还原性单糖的蔗糖的总量。

总糖是食品生产中常规分析项目。它反映的是食品中可溶性单糖和低聚糖的总量，其含量高低对产品的色、香、味、组织形态、营养价值、成本等有一定影响。总糖是麦乳精、乳粉、糕点、果蔬罐头、饮料等许多食品的重要质量指标。

总糖的测定通常以还原糖的测定方法为基础，常用的有蒽酮比色法和苯酚–硫酸法等。

1. 蒽酮比色法

（1）原理

单糖类遇浓硫酸时，脱水生成糠醛衍生物，后者可与蒽酮缩合成蓝绿色的化合物。

当糖的量为 20 ~ 200 mg 时，其成色强度与溶液中糖的含量成正比，因此可以通过比色测定。

（2）试剂

①葡萄糖标准溶液：准确称取 1.000 0 g 葡萄糖，用水定容到 1 000 mL，从中吸取 1 mL、2 mL、4 mL、6 mL、8 mL、10 mL 分别移入 100 mL 容量瓶中，用水定容，即得 10 μg/mL、20 μg/mL、40 μg/mL、60 μg/mL、80 μg/mL、100 μg/mL 葡萄糖系列标准溶液。

② 0.1% 蒽酮溶液。

③ 72% 硫酸溶液。

（3）操作方法

吸取系列标准溶液，样品溶液（含糖 20 ~ 80 μg/mL）和蒸馏水 2 mL 分别放入 8 支具塞比色管中，沿管壁各加入蒽酮试剂 10 mL，立即摇匀，放入沸水中准确加热 10 min，取出，迅速冷却至室温，在暗处放置 10 min 后，在 620 nm 处测定吸光值，绘制标准曲线。根据样品的吸光值查标准曲线，求出糖含量。

（4）结果计算

$$\omega = \frac{c_A \times D \times 10^{-4}}{m}$$

式中，ω 为总糖含量（以葡萄糖计），g/100 g；c_A 表示从标准曲线查得的糖浓度，μg/mL；10^{-4} 为将 μg/mL 换算为 % 的系数；D 为稀释倍数；m 为样品的质量，g 或 mL。

（5）说明及注意事项

①该法是微量法，适合于含微量糖的样品，具有灵敏度高、试剂用量少等优点。

②该法按操作的不同可分为几种，主要差别在于蒽酮试剂中硫酸的浓度（66% ~ 95%）、取样液量（1 ~ 5 mL）、蒽酮试剂用量（5 ~ 20 mL）、沸水浴中反应时间（6 ~ 15 min）和显色时间（10 ~ 30 min）。这几个操作条件之间是有联系的，不能随意改变其中任何一个，否则将影响分析结果。

③蒽酮试剂不稳定，易被氧化，放置数天后变为褐色，故应当天配制，添加稳定剂硫脲后，在冷暗处可保存 48 h。

2. 苯酚 – 硫酸法

（1）原理

在浓硫酸作用下，非单糖水解为单糖，单糖再脱水生成的糠醛或糠醛衍生物与苯酚缩合生成一种橙红色化合物，在一定的浓度范围内其颜色深浅与糖的含量成正比，可在480 ~ 490 nm 波长范围内测定。

（2）仪器与试剂

分光光度计、水浴锅、具塞试管、移液管。

80% 苯酚溶液、100 mg/L 葡萄糖储备液、浓硫酸。

（3）操作方法

取样品试液 2 mL（含糖 10 ~ 70 μg）置于直径 16 ~ 20 mm 试管中，加入 80% 苯酚溶液 0.05 mL，用快速移液管于 10 ~ 20 s 之内，迅速加入浓硫酸 5 mL，摇匀，放置 10 min 后，置水浴 25 ~ 30℃ 10 min，在最大吸收波长 480 nm 进行比色并记录吸光度。

测定样品的同时，对标准糖液与空白溶液分别做实验，测定方法同样品分析。

（4）说明及注意事项

①此法简单、快速、灵敏、重现性好，基本不受蛋白质存在的影响，产生的颜色稳定时间在 160 min 以上。对每种糖仅须制作一条标准曲线。最低检出量为 10 μg，误差为 2% ~ 5%。适用于各类食品中还原糖的测定，尤其是层析法分离洗涤之后样品中糖的测定。

②该法可以测定几乎所有的糖类，但是不同的糖其吸光度大小不同：五碳糖常以木糖为标准绘制标准曲线，木糖的最大吸收波长在 480 nm，适合测定木糖含量高的样品，如小麦麸、玉米麸；六碳糖常以葡萄糖为标准绘制标准曲线，葡萄糖的最大吸收波长在 490 nm，软饮料、啤酒、果汁等可用此法测定其中的总糖。

③苯酚有毒，硫酸有腐蚀性，须戴手套操作。

（二）还原性糖分析

1. 直接滴定法

（1）原理

将适量的酒石酸铜甲、乙液等量混合，立即反应生成蓝色的氢氧化铜沉淀，生成的沉淀很快与酒石酸钾钠反应，络合生成深蓝色可溶的酒石酸钾钠铜络合物。试样经前处理后，在加热条件下，以亚甲蓝做指示剂，滴定标定过的碱性酒石酸铜溶液，样品中的还原糖与酒石酸钾钠铜反应，生成红色的氧化铜沉淀，微过量的还原糖会和亚甲基蓝反应，溶液中的蓝色会消失，即为滴定终点。根据样品液消耗体积计算还原糖含量。

（2）仪器与试剂

酸式滴定管：25 mL。可调电炉：带石棉板。

盐酸、硫酸铜、酒石酸钾钠、亚甲基蓝指示剂、氢氧化钠、乙酸锌、冰乙酸、亚铁氰化钾、葡萄糖、果糖、乳糖，蔗糖。

除非另有规定，本方法中所用试剂均为分析纯。

①碱性酒石酸铜甲液：称取 15 g 硫酸铜及 0.05 g 亚甲基蓝，溶于水中并稀释至 1 000 mL。

②碱性酒石酸铜乙液：称取 50 g 酒石酸钾钠、75 g 氢氧化钠，溶于水中，再加入 4 g 亚铁氰化钾，完全溶解后，用水稀释至 1 000 mL，贮存于橡胶塞玻璃瓶内。

③乙酸锌溶液（219 g/L）：称取 21.9 g 乙酸锌，加 3 mL 冰乙酸，加水溶解并稀释至 100 mL。

④亚铁氰化钾溶液（106 g/L）：称取 10.6 g 亚铁氰化钾，加水溶解并稀释至 100 mL。

⑤氢氧化钠溶液（40 g/L）：称取 4 g 氢氧化钠，加水溶解并稀释至 100 mL。

⑥盐酸溶液（1 ∶ 1）：量取 50 mL 盐酸，加水稀释至 100 mL。

⑦葡萄糖标准溶液：称取 1 g（精确至 0.000 1 g）经过 98 ~ 100℃干燥 2 h 的葡萄糖，加水溶解后加入 5 mL 盐酸，并以水稀释至 1 000 mL。此溶液每毫升相当于 1.0 mg 葡萄糖。

⑧果糖标准溶液：称取 1 g（精确至 0.000 1 g）经过 98 ~ 100℃干燥 2 h 的果糖，加水溶解后加入 5 mL 盐酸，并以水稀释至 1 000 mL。此溶液每毫升相当于 1.0 mg 果糖。

⑨乳糖标准溶液：称取 1 g（精确至 0.000 1 g）经过 96 ± 2℃干燥 2 h 的乳糖，加水溶解后加入 5 mL 盐酸，并以水稀释至 1 000 mL。此溶液每毫升相当于 1.0 mg 乳糖（含水）。

⑩转化糖标准溶液：准确称取 1.052 6 g 蔗糖，用 100 mL 水溶解，转入具塞三角瓶中，加 5 mL 盐酸（1 ∶ 1），在 68 ~ 70℃水浴中加热 15 min，放置至室温，转移至 1 000 mL 容量瓶中并定容至 1 000 mL，每毫升标准溶液相当于 1.0 mg 转化糖。

（3）操作方法

①样品处理。

a. 一般食品。称取粉碎后的固体试样 2.5 ~ 5 g 或混匀后的液体试样 5 ~ 25 g，精确至 0.001 g，置 250 mL 容量瓶中，加 50 mL 水，慢慢加入 5 mL 乙酸锌溶液及 5 mL 亚铁氰化钾溶液，加水至刻度，混匀，静置 30 min，用干燥滤纸过滤，弃去初滤液，取续滤液备用。

b. 酒精性饮料。称取约 100 g 混匀后的试样，精确至 0.01 g，置于蒸发皿中，用氢氧化钠（40 g/L）溶液中和至中性，在水浴上蒸发至原体积的 1/4 后，移入 250 mL 容量瓶中，慢慢加入 5 mL 乙酸锌溶液及 5 mL 亚铁氰化钾溶液，加水至刻度，混匀，静置 30 min，用干燥滤纸过滤，弃去初滤液，取续滤液备用。

c. 含大量淀粉的食品。称取 10 ~ 20 g 粉碎后或混匀后的试样，精确至 0.001 g，置 250 mL 容量瓶中，加 200 mL 水，在 45℃水浴中加热 1 h，并时时振摇。冷后加水至刻度，混匀，静置，沉淀。吸取 200 mL 上清液至另一个 250 mL 容量瓶中，慢慢加入 5 mL 乙酸锌溶液及 5 mL 亚铁氰化钾溶液，加水至刻度，混匀，静置 30 min，用干燥滤纸过滤，弃去初滤液，取续滤液备用。

d. 碳酸类饮料。称取约 100 g 混匀后的试样，精确至 0.01 g，试样置蒸发皿中，在水浴上微热搅拌除去二氧化碳后，移入 250 mL 容量瓶中，并用水洗涤蒸发皿，洗液并入容量瓶中，再加水至刻度，混匀后，备用。

②碱性酒石酸铜溶液的标定。准确吸取碱性酒石酸铜甲液和乙液各 5.0 mL，置于 250 mL 锥形瓶中。加水 10 mL，加入玻璃珠 2 粒。从滴定管中滴加约 9 mL 葡萄糖标准溶液，使其在 2 min 内加热至沸，趁热以每 2 s 1 滴的速度继续用葡萄糖标准溶液滴定，直至蓝色刚好褪去为终点。记录消耗葡萄糖标准溶液的体积。平行操作 3 次，取其平均值。

计算每 10 mL（甲液、乙液各 5 mL）碱性酒石酸铜溶液，相当于葡萄糖的质量：

$$A = V_c$$

式中，c 为葡萄糖标准溶液的浓度，mg/mL；V 为标定时消耗葡萄糖标准溶液的总体积，mL；A 为 10 mL 碱性酒石酸铜溶液相当于葡萄糖的质量，mg。

③样品预测定。准确吸取碱性酒石酸甲液和乙液各 5.0 mL，置于 250 mL 锥形瓶中。加水 10 mL，加入玻璃珠 2 粒，在 2 min 内加热至沸，趁沸按沸腾的先后顺序从滴定管中滴加样液，滴定时须始终保持溶液呈沸腾状态。待溶液颜色变浅时，以每 2 s 1 滴的速度继续滴定，直至蓝色刚好褪去为终点。记录消耗样液的体积。

④样品测定。准确吸取碱性酒石酸铜甲液和乙液各 5.0 mL，置于 250 mL 锥形瓶中。加水 10 mL，加入玻璃珠 2 粒，从滴定管中加入比预测定时少 1 mL 的样液，在 2 min 内加热至沸，趁沸以每 2 s 1 滴的速度继续滴定，直至蓝色刚好褪去为终点。记录消耗样液的体积。同法平行操作 3 次，取其平均值。

（4）结果计算

$$\omega = \frac{A}{m \times \frac{V}{250} \times 1000} \times 100$$

式中，ω 为还原糖（以葡萄糖计）含量，g/100 g；m 为样品质量，g；V 为测定时平均消耗样液的体积，mL；A 为 10 mL 碱性酒石酸铜溶液相当于葡萄糖的质量，mg；250 表示样液的总体积，mL。

2. 高锰酸钾滴定法

该法适用于各类食品中还原糖的测定，对于深色样液也同样适用。这种方法的主要特点是准确度高、重现性好，这 2 方面都优于直接滴定法。但操作复杂、费时，须查特制的高锰酸钾法糖类检索表。

（1）原理

将还原糖与一定量过量的碱性酒石酸铜溶液反应，还原糖使 Cu^{2+} 还原成 Cu_2O。过滤得到 Cu_2O，加入过量的酸性硫酸铁溶液将其氧化溶解，而 Fe^{3+} 被定量地还原成 Fe^{2+}，再用高锰酸钾溶液滴定所生成的 Fe^{2+}。根据所消耗的高锰酸钾标准溶液的量计算出 Cu_2O 的量。从检索表中查出与氧化亚铜量相当的还原糖的量，即可计算出样品中还原糖的含量。

（2）仪器与试剂

25 mL 古氏坩埚或 G_4 垂熔坩埚、真空泵或水力真空管。

①碱性酒石酸铜甲液：称取 34.639 g 硫酸铜，加适量水溶解，加 0.5 mL 浓硫酸，再加水稀释至 500 mL，用精制石棉过滤。

②碱性酒石酸铜乙液：称取 173 g 酒石酸钾钠和 50 g 氢氧化钠，加适量水溶液，并稀释至 500 mL，用精制石棉过滤，储存于具橡胶塞的玻璃瓶内。

③精制石棉：取石棉，先用 3 mol/L 盐酸浸泡 2 ~ 3 h，用水洗净，再用 10 g/L 氢氧化钠溶液浸泡 2 ~ 3 h，倾去溶液，用碱性酒石酸铜乙液浸泡数小时，用水洗净，再以 3 mol/L 盐酸浸泡数小时，以水洗至不显酸性。然后加水振摇，使之成为微细的浆状纤维，用水浸泡并储存于玻璃瓶中，即可做填充古氏坩埚用。

④ 0.02 mol/L（$\frac{1}{5}KMnO_4$）标准溶液。

配制：称取 3.3 g 高锰酸钾溶于 1 050 mL 水中，缓缓煮沸 20 ~ 30 min，冷却后于暗处密封保存数日，用垂熔漏斗过滤，保存于棕色瓶中。

标定：准确称取于 105 ~ 200℃干燥 1 ~ 1.5 h 的基准草酸钠约 0.2 g，溶于 50 mL 水中，加 8 mL 硫酸，用配制的高锰酸钾滴定，接近终点时加热到 70℃，继续滴至溶液显粉红色 0.5 min 不褪色为止。同时做空白试验。

计算：

$$c=\frac{m\times\frac{2}{5}}{\left(V-V_0\right)\times134}\times1000$$

式中，c 为 $KMnO_4$，标准溶液的浓度，mol/L；m 为草酸钠质量，g；V 为标定时消耗高锰酸钾体积，mL；V_0 为空白时消耗高锰酸钾体积，mL；134 表示 $Na_2C_2O_4$ 的摩尔质量，g/mol。

⑤ 1 mol/L NaOH 溶液：称取 4 g 氢氧化钠，加水溶解并稀释至 100 mL。

⑥硫酸铁溶液：称取 50 g 硫酸铁，加入 200 mL 水溶解后，慢慢加入 100 mL 硫酸，冷却加水稀释至 1 000 mL。

⑦ 3 mol/L HCl 溶液：30 mL 盐酸加水稀释至 120 mL 即可。

（3）操作方法

①样品处理。

a. 一般食品。称取粉碎后的固体试样 2.5 ~ 5 g 或混匀后的液体试样 5 ~ 25 g，精确至 0.001 g，置于 250 mL 容量瓶中，加水 50 mL，摇匀后加 10 mL 碱性酒石酸铜甲液及 4 mL 氢氧化钠溶液（40 g/L），加水至刻度，混匀。静置 30 min，用干燥滤纸过滤，弃去初滤液备用。

b. 酒精性饮料。称取约 100 g 混匀后的试样，精确至 0.01 g 置于蒸发皿中，用氢氧化钠溶液（40 g/L）中和至中性，在水浴上蒸发至原体积的 1/4 后移入 250 mL 容量瓶中。加 50 mL 水，混匀。以下按“一般食品”中自“加 10 mL 碱性酒石酸铜甲液”起依法操作。

c. 含大量淀粉的食品。称取 10 ~ 20 g 粉碎或混匀后的试样，精确至 0.001 g，置于 250 mL 容量瓶中，加 200 mL 水，在 45℃水浴中加热 1 h，并时时振摇。冷后加水至刻度，混匀，静置。吸取 200 mL 上清液置于另一个 250 mL 容量瓶中，以下按“一般食品”中自“加入 10 mL 碱性酒石酸铜甲液”起依法操作。

d. 碳酸类饮料。称取约 100 g 混匀后的试样，精确至 0.01 g，试样置于蒸发皿中，在水浴上除去二氧化碳后，移入 250 mL 容量瓶中，并用水洗涤蒸发皿，洗液并入容量瓶中，再加水至刻度，混匀后备用。

②样品测定。吸取 50.00 mL 处理后的试样溶液于 400 mL 烧杯内，加入 25 mL 碱性酒石酸铜甲液及 25 mL 乙液，于烧杯上盖一个表面皿，加热，控制在 4 min 内沸腾，再准确煮沸 2 min，趁热用铺好石棉的古氏坩埚或 G_4 垂熔坩埚抽滤，并用 60℃热水洗涤烧杯及沉淀，至洗液不呈碱性为止。将古氏坩埚或 G_4 垂熔坩埚放回原 400 mL 烧杯中，加入 25 mL 硫酸铁溶液及 25 mL 水，用玻璃棒搅拌使氧化亚铜完全溶解，以高锰酸钾标准溶液

［$c(1/5KMnO_4)=1.000$ mol/L］滴定至微红色为终点。同时吸取 50 mL 水，加入与测定试样时相同量的碱性酒石酸酮甲液、碱性酒石酸酮乙液、硫酸铁溶液及水，按同一方法做空白试验。

（4）结果计算

试样中的还原糖质量相当于氧化亚铜的质量，按下式进行计算：

$$\omega=(V-V_0)\times c\times 71.54$$

式中，ω 为试样中还原糖的质量相当于氧化亚铜的质量，g；V 为测定用试样液消耗高锰酸钾标准溶液的体积，mL；V_0 为试剂空白消耗高锰酸钾标准溶液的体积，mL；c 为高锰酸钾标准溶液的实际浓度，mol/L；71.54 为 1 mL 高锰酸钾标准溶液［$c(1/5KMnO_4)=1.000$ mol/L］相当于氧化亚铜的质量，mg。

根据上式中计算所得氧化亚铜质量，再计算试样中还原糖的含量，按下式计算：

$$\omega=\frac{m_1}{m_2\times\frac{V}{250}\times 1000}\times 1000$$

式中，ω 为试样中还原糖的含量，g/100 g；m_1 为还原糖质量，mg；m_2 为试样质量或体积，g 或 mL；V 为测定用试样溶液的体积，mL；250 为试样处理后的总体积，mL。

还原糖含量≥ 10g/100 g 时计算结果保留 3 位有效数字；还原糖含量＜ 10 g/100 g 时，计算结果保留 2 位有效数字。

（5）说明及注意事项

①该方法准确度和重现性都优于直接滴定法，但操作较为烦琐费时，需要使用专用的检索表。适用于各类食品中还原糖的测定，有色样液也不受限制。

②所用的碱性酒石酸铜溶液与直接滴定法不同。

a. 碱性酒石酸铜甲液。称取 34.639 g 硫酸铜，加适量水溶解，加 0.5 mL 硫酸，再加水稀释至 500 mL，用精制石棉过滤。

b. 碱性酒石酸铜乙液。称取 173 g 酒石酸钾钠、50 g 氢氧化钠，加适量水溶液，并稀释至 500 mL，用精制石棉过滤，贮存于胶塞玻璃瓶内。

③所用碱性酒石酸铜溶液必须过量，以保证煮沸后的溶液呈蓝色。必须控制好热源的强度，保证在 4 min 内加热至沸腾。

④在过滤及洗涤氧化亚铜沉淀的整个过程中，应使沉淀始终在液面以下，避免氧化亚

铜暴露于空气中而被氧化。生成的氧化亚铜用铺好石棉的古氏坩埚或G_4垂熔坩埚抽滤，并用60℃热水洗涤烧杯及沉淀，至洗涤液不呈碱性为止。

⑤还原糖与碱性酒石酸铜溶液反应复杂，不能根据化学方程式计算还原糖含量，而需要利用检索表。

（三）蔗糖分析

蔗糖是人类基本的食品添加剂之一，已有几千年的历史，是光合作用的主要产物，广泛分布于植物体内，特别是甜菜、甘蔗和水果中含量高。以蔗糖为主要成分的食糖根据纯度由高到低又分为冰糖、白砂糖、绵白糖和赤砂糖（也称为红糖或黑糖），蔗糖在甜菜和甘蔗中含量最丰富，平时使用的白糖、红糖都是蔗糖。

蔗糖是由葡萄糖和果糖组成的双糖，其本身没有还原性，但可以在一定条件下转化为还原糖再测定，除此之外，相对密度法、折光法和旋光法也是蔗糖测定常用的方法。

以下是高效液相色谱法的分析。

（1）原理

试样经处理后，用高效液相色谱氨基柱（NH_2柱）分离，用示差折光器检测，根据蔗糖的折光指数，与浓度成正比，外标单点法定量。

（2）仪器与试剂

高效液相色谱仪（附示差折光检测器）。

除非另有规定，本方法中所用试剂均为分析纯，实验用水的电导率（25℃）为0.01 mS/m。

①硫酸铜、氢氧化钠、乙腈（色谱纯）、蔗糖。

②硫酸铜溶液（70 g/L）：称取7 g硫酸铜，加水溶解并定容到100 mL。

③氢氧化钠溶液（40 g/L）：称取4 g氢氧化钠，加水溶解并定容至100 mL。

④蔗糖标准溶液（10 mg/mL）：准确称取蔗糖标样1 g（精确至0.000 1 g）置于100 mL容量瓶内，先加少量水溶解，再加20 mL乙腈，最后用水定容到刻度。

（3）操作方法

①样品处理。称取2 ~ 10g试样，精确至0.001 g，加30 mL水溶解，移至100 mL容量瓶中，加硫酸铜溶液10 mL，氢氧化钠4 mL，振荡，加水至刻度，静置0.5 h后过滤，取3.7 mL试样液置10 mL容量瓶中，用乙腈定容，通过0.45滤膜过滤，滤液备用。

②高效液相色谱参考条件。

色谱柱：氨基柱（4.6 mm × 250 mm，5 μm）。

柱温：25℃。

示差检测器检测池温：40℃。

流动相：乙腈 : 水（75 : 25）。

流速：1.0 mL/min。

进样量：10 μL。

（3）结果计算

$$\omega=\frac{c\times A}{A'\times(m/100)\times(V/10)\times1000}\times100$$

式中，ω 为试样中蔗糖含量，g/100 g；c 为蔗糖标准溶液浓度，mg/mL；A 为试样中蔗糖中峰面积；A' 为标准蔗糖溶液峰面积；m 为试样的质量，g；V 为过滤液体积，mL。

计算结果保留 3 位有效数字。在重复性条件下获得的 2 次独立测定结果的绝对差值不得超过算术平均值的 10%。

第四节　蛋白质及氨基酸的检测

蛋白质是食品中重要营养指标。各种不同的食品中蛋白质的含量各不相同，一般来说，动物性食品的蛋白质含量高于植物性食品，测定食品中蛋白质的含量，对于评价食品的营养价值、合理开发利用食品资源、指导生产、优化食品配方、提高产品质量具有重要的意义。蛋白质测定最常用的方法是凯氏定氮法和分光光度测定法。

鉴于食品中氨基酸成分的复杂性，对食品中氨基酸含量的测定在一般的常规检验中多测定样品中的氨基酸总量，通常采用酸碱滴定法来完成。

一、蛋白质的分析

（一）常量凯氏定氮法

1. 原理

样品与硫酸和催化剂一同加热消化，使蛋白质分解，其中碳和氢被氧化成二氧化碳和水逸出，有机氮转化为氨与硫酸结合成硫酸铵。然后加碱蒸馏，游离氨用硼酸吸收后再用盐酸或硫酸标准溶液滴定。根据消耗的标准酸溶液的物质的量计算样品中蛋白质的质量分数。

（1）消化

消化反应方程式如下：

$$2NH_2(CH_2)_2COOH + 13H_2SO_4 \rightarrow (NH_4)_2SO_4 + 6CO_2 + 12SO_2 + 16H_2O$$

浓硫酸具有脱水性，使有机物脱水并分解为碳、氢、氮。

浓硫酸又有氧化性，使分解出的碳氧化为二氧化碳，硫酸则被还原成二氧化硫：

$$2H_2SO_4 + C \overset{\Delta}{=} 2SO_2\uparrow + 2H_2O + CO_2\uparrow$$

二氧化硫使氮还原为氨，本身则被氧化为三氧化硫，氨随之与硫酸作用生成硫酸铵留在酸性溶液中：

$$H_2SO_4 + 2NH_3 = (NH_4)_2SO_4$$

在消化反应中，为了加速蛋白质的分解，缩短消化时间，常加入如下催化剂。

①硫酸铜。$CuSO_4$也可起催化剂的作用。凯氏定氮法中可用的催化剂种类很多，除$CuSO_4$外，还有HgO、Hg　Sn粉等，但考虑到效果、价格及环境污染等多种因素，应用最广泛的是硫酸铜，有时常加入少量过氧化氢、次氯酸钾等作为氧化剂以加速有机物的氧化分解。$CuSO_4$的作用机理如下所示：

$$Cu_2SO_4 + 2H_2SO_4 \rightarrow 2CuSO_4 + 2H_2O + SO_2\uparrow$$

$$C + 2CuSO_4 \xrightarrow{\Delta} Cu_2SO_4 + SO_2\uparrow + CO_2\uparrow$$

此反应不断进行，待有机物全部被消化完后，不再有硫酸亚铜（Cu_2SO_4褐色）生成，溶液呈现清澈的Cu^{2+}的蓝绿色。故$CuSO_4$除起催化剂的作用外，还可指示消化终点的到达，以及下一步蒸馏时作为碱性反应的指示剂。

②硫酸钾。加入K_2SO_4的目的是为了提高溶液的沸点，加快有机物的分解。硫酸钾与硫酸作用生成硫酸氢钾可提高反应温度，一般纯硫酸的沸点在340℃左右，而添加硫酸钾后，可使温度提高至400℃以上，而且随着消化过程中硫酸不断地被分解，水分不断逸出而使

硫酸氢钾的浓度逐渐增大，故沸点不断升高，其反应式如下：

$$K_2SO_4 + H_2SO_4 = 2KHSO_4$$

$$2KHSO_4 \overset{\triangle}{=} K_2SO_4 + H_2O \uparrow + SO_3 \uparrow$$

所以K_2SO_4的加入量也不能太大，否则消化体系温度过高，会引起已生成的铵盐发生热分解析出氨而造成损失：

$$(NH_4)_2SO_4 \overset{\triangle}{\rightarrow} NH_3 \uparrow + (NH_4)HSO_4$$

$$2(NH_4)HSO_4 \overset{\triangle}{\rightarrow} 2NH_3 \uparrow + 2SO_3 \uparrow + 2H_2O$$

$$2CuSO_4 \overset{\triangle}{\rightarrow} Cu_2SO_4 + SO_2 \uparrow + O_2$$

除K_2SO_4外，也可以加入Na_2SO_4、KCl等盐类来提高沸点，但效果不如K_2SO_4。

（2）蒸馏

在消化完全的样品消化液中加入浓氢氧化钠使呈碱性，此时氨游离出来，加热蒸馏即可释放出氨气，反应方程式如下：

$$2NaOH + (NH_4)_2SO_4 \overset{\triangle}{=} 2NH_3 \uparrow + Na_2SO_4 + 2H_2O$$

（3）吸收与滴定

蒸馏所释放出来的氨，用硼酸溶液进行吸收，硼酸呈微弱酸性（$K_a = 5.8 \times 10^{-10}$），与氨形成强碱弱酸盐。待吸收完全后，再用盐酸标准溶液滴定，吸收及滴定反应方程式如下：

$$2NH_3 + 4H_3BO_3 = (NH_4)_2B_4O_7 + 5H_2O$$

$$(NH_4)_2B_4O_7 + 5H_2O + 2HCl = 2NH_4Cl + 4H_3BO_3$$

蒸馏释放出来的氨，也可以采用硫酸或盐酸标准溶液吸收，然后再用氢氧化钠标准溶液反滴定吸收液中过剩的硫酸或盐酸，从而计算出总氮量。

2. 适用范围

此法可应用于各类食品中蛋白质含量的测定。

3. 仪器与试剂

凯氏烧瓶（500 mL）、定氮蒸馏装置。

①浓硫酸、硫酸铜、硫酸钾。

② 400 g/L 氢氧化钠溶液：称取 40 g 氢氧化钠加水溶解后，放冷，并稀释至 100 mL。

③硫酸标准滴定溶液（0.050 0 mol/L）或盐酸标准滴定溶液（0.050 0 mol/L）。

④ 20 g/L 硼酸吸收液：称取 20 g 硼酸溶解于 1 000 mL 热水中，摇匀备用。

⑤甲基红乙醇溶液（1 g/L）：称取 0.1 g 甲基红，溶于 95% 乙醇中，用 95% 乙醇稀释至 100 mL。

⑥亚甲基蓝乙醇溶液（1 g/L）：称取 0.1 g 亚甲基蓝，溶于 95% 乙醇中，用 95% 乙醇稀释至 100 mL。

⑦溴甲酚绿乙醇溶液（1 g/L）：称取 0.1g 溴甲酚绿，溶于 95% 乙醇，用 95% 乙醇稀释至 100 mL。

⑧混合指示液：2 份甲基红乙醇溶液与 1 份亚甲基蓝乙醇溶液临用时混合。也可用 1 份甲基红乙醇溶液（1 g/L）与 5 份溴甲酚绿乙醇溶液（1 g/L）（临用时现混合）。

⑨甲基红 - 溴甲酚绿混合指示剂：5 份 2 g/L 溴甲酚绿 95% 乙醇溶液与 1 份 2 g/L 甲基红乙醇溶液混合均匀（临用时现混合）。

4. 操作方法

（1）样品处理

称取充分混匀的固体试样 0.2 ~ 2 g、半固体样品 2 ~ 5 g 或液体样品 10 ~ 20 g（约相当于 30 ~ 40 mg 氮），精确至 0.001 g，移入干燥的 100 mL、250 mL 或 500 mL 定氮瓶中，加入 0.5 g 硫酸铜、10 g 硫酸钾及 20 mL 硫酸，安装消化装置，将瓶以 45° 角斜支于有小孔的石棉网上。小心加热，待内容物全部炭化，泡沫完全停止后，加强火力，并保持瓶内液体微沸，至液体呈蓝绿色并澄清透明后，再继续加热 0.5 ~ 1 h。取下放冷，小心加入 20 mL 水。放冷后，移入 100 mL 容量瓶中，并用少量水洗定氮瓶，洗液并入容量瓶中，再加水至刻度，混匀备用。同时做试剂空白试验。

（2）样品测定

安装好定氮蒸馏装置，向水蒸气发生器内装水至 2/3 处，加入数粒玻璃珠，加甲基红乙醇溶液数滴及数毫升硫酸，以保持水呈酸性，加热煮沸水蒸气发生器内的水并保持沸腾。

向接收瓶内加入 10.0 mL 硼酸溶液及 1 ~ 2 滴混合指示液，并使冷凝管的下端插入液面下，根据试样中氮含量，准确吸取 2.0 ~ 10.0 mL 试样处理液由小玻璃杯注入反应室，以 10 mL 水洗涤小玻璃杯并使之流入反应室内，随后塞紧棒状玻塞。将 10.0 mL 氢氧化钠溶液倒入小玻璃杯，提起玻塞使其缓缓流入反应室，立即将玻塞盖紧，并加水于小玻璃杯以防漏气。夹紧螺旋夹。开始蒸馏。

蒸馏 10 min 后移动蒸馏液接收瓶，液面离开冷凝管下端，再蒸馏 1 min。然后用少量水冲洗冷凝管下端外部，取下蒸馏液接收瓶。以硫酸或盐酸标准滴定溶液滴定至终点，其中 2 份甲基红乙醇溶液与 1 份亚甲基蓝乙醇溶液指示剂，颜色由紫红色变成灰色，pH 5.4 值为；1 份甲基红乙醇溶液与 5 份溴甲酚绿乙醇溶液指示剂，颜色由酒红色变成绿色，pH 5.1 值为。同时做试剂空白试验。

5. 结果计算

$$\omega=\frac{c\left(V_1-V_2\right)\times 0.0140}{m\times\frac{V_3}{1000}}\times F\times 100$$

式中，ω 为试样中蛋白质的含量，g/100 g；c 为 H_2SO_4 或 HCl 标准溶液的浓度，mol/L；V_1 为滴定样品吸收液时消耗 H_2SO_4 或 HCl 标准溶液体积，mL；V_2 为滴定空白吸收液时消耗 H_2SO_4 或 HCl 标准溶液体积，mL；m 为样品质量，g；V_3 为取消化液的体积，mL，一般为 10 mL；F 为氮换算为蛋白质的系数。一般食物为 6.25；纯乳与纯乳制品为 6.38；面粉为 5.70；玉米、高粱为 6.24；花生为 5.46；大米为 5.95；大豆及其粗加工制品为 5.71；大豆蛋白制品为 6.25；肉与肉制品为 6.25；大麦、小米、燕麦、裸麦为 5.83；芝麻、向日葵为 5.30；复合配方食品为 6.25。

以重复性条件下获得的 2 次独立测定结果的算术平均值表示，蛋白质含量≥ 1 g/100 g 时，结果保留 3 位有效数字；蛋白质含量＜ 1g/100 g 时，结果保留 2 位有效数字。

在重复性条件下获得的 2 次独立测定结果的绝对差值不得超过算术平均值的 10%。

6. 说明及注意事项

①所用试剂溶液应用无氨蒸馏水配制。

②消化时不要用强火，应保持缓沸腾，注意不断转动凯氏烧瓶，以便利用冷凝酸液将黏附在瓶壁上的固体残渣洗下并促进其消化完全。

③样品中若含脂肪或糖较多时，消化过程中易产生大量泡沫，为防止泡沫溢出瓶外，在开始消化时应用小火加热，并不断摇动；或者加入少量辛醇或液体石蜡或硅油消泡剂，并同时注意控制热源强度。

（二）半微量凯氏定氮法

1. 原理

同常量凯氏定氮法。适用于含氮量低的试样。

2. 仪器

半微量凯氏定氮蒸馏装置。

3. 分析方法

样品消化步骤同常量凯氏定氮法。

将消化完全的消化液冷却后，完全移入 100 mL 容量瓶，加蒸馏水定容，混匀备用。安装好定氮装置。向接收瓶内加 10 mL 硼酸溶液（20 g/L）及 1 滴甲基红－溴甲酚绿混合指示剂，将冷凝管下端插入液面下。吸取 10.00 mL 样品消化定容液，由小玻杯流入反应室，以 10 mL 水洗涤小玻杯。加入 10 mL 氢氧化钠溶液（400 g/L）使其呈强碱性，立即将玻塞塞紧，并于小玻杯中加水以防止漏气。夹紧螺旋夹，开始蒸馏。蒸馏至吸收液中所加的混合指示剂变为绿色开始计时，继续蒸馏 5 min 后，将冷凝管尖端提离液面再蒸馏 1 min，用蒸馏水冲洗冷凝管尖端后停止蒸馏。

取下接收瓶，用 0.050 0 mol/L 盐酸标准溶液滴至灰色或蓝紫色为终点，同时做空白实验。结果按下式计算：

$$\omega=\frac{c\times\left(V_1-V_2\right)\times\dfrac{M(N)}{1000}}{m\times\dfrac{10}{100}}\times F\times100=\frac{c\times\left(V_1-V_2\right)\times M(\mathrm{N})}{m}\times F$$

式中，ω 为样品中蛋白质的质量分数或质量浓度 ρ ，g/（100 g）或 g/（100 mL）；c 为盐酸标准溶液的物质的量浓度，mol/L；V_1 为滴定样品吸收液时消耗盐酸标准溶液的体积，mL；V_2 为滴定空白吸收液时消耗盐酸标准溶液的体积，mL；m 为样品质量 m 或体积 V ，g 或 mL；$M(N)$ 为氮的基本计算单元，即氮的摩尔质量，14.01 g/mol；F 为氮换算为蛋白质的系数。

4. 说明及注意事项

①水蒸气发生器装水至 2/3 体积处，加甲基橙指示剂数滴及硫酸数毫升使其始终保持酸性，可避免水中的氨被蒸出影响测定结果。

②在蒸馏时，蒸气发生要均匀充足，蒸馏过程中不得停火断气，否则将发生倒吸。

③加碱要足量，操作要迅速；漏斗应采用水封，以免氨由此逸出损失。

④要清楚计算结果是干基还是湿基样品的质量分数。

二、氨基酸的分析

氨基酸是构成蛋白质最基本的物质。氨基酸的定性定量分析，对于评价食品蛋白质的营养价值、新食品蛋白质资源的开发、计算蛋白质的相对分子质量和提供蛋白质的部分特性价值具有十分重要的意义。

（一）氨基酸总量的测定

蛋白质的水解或酶解的最终产物是氨基酸。水解程度可以通过测定氨基酸的含量进行评价。由于一种食品中同时可以存在多种氨基酸，因此氨基酸总量的测定值不能以某一种氨基酸的含量来表示，只能以所有氨基酸中所含的氨基酸态氮的百分含量表示。

1. 甲醛滴定法

（1）原理

由于氨基酸中的氨基可与甲醛结合，从而使其碱性消失，而具有酸性的羧基不能与甲醛结合，从而导致氨基酸体系呈现酸性，这样就可以用标准碱溶液来滴定羧基，用酚酞或百里酚酞做指示剂，根据标准碱的消耗量，计算出氨基酸的总量。

（2）试剂

① 40% 中性甲醛溶液。

② 1 g/L 百里酚酞乙醇溶液。

③ 1 g/L 中性红 50% 乙醇溶液。

④ 0.1 mol/L 氢氧化钠标准溶液。

（3）操作方法

称取样品 5.00 ～ 10.00 g（含氨基酸 20 ～ 30 mg）2 份，分别置于 250 mL 锥形瓶中，分别加入 50 mL 蒸馏水，混匀。其中 1 份样液中加入 3 滴中性红指示剂，用 0.1 mol/L 氢氧化钠标准溶液滴定至由红色变为琥珀色为终点；另一份加入 3 滴百里酚酞指示剂及中性甲醛 20 mL，摇匀，静置 1 min，用 0.1 mol/L 氢氧化钠标准溶液滴定至淡蓝色为终点。分别记录 2 次所消耗氢氧化钠标准溶液的体积。

（4）结果计算

$$\omega=\frac{(V_2-V_1)\times c}{m}\times\frac{M}{1000}\times 100$$

式中，ω为样品中氨基酸态氮的含量，g/100 g；V_1为用中性红做指示剂时，消耗氢氧化钠量，mL；V_2为用百里酚酞做指示剂时，消耗氢氧化钠量，mL；c为氢氧化钠标准溶液的浓度，mol/L；m为样品质量，g；M为1/2 N_2的摩尔质量，14.01 g/moL。

（5）说明及注意事项

①此法适用于测定食品中的游离氨基酸，也可用于测定蛋白质水解程度。随着蛋白质水解度的增加，滴定值也增加，当蛋白质水解充分后，滴定值不再增加。

②此法较适宜检测浅色或无色样品。若样品颜色较深，可用适量活性炭脱色后再测定，也可改用电位滴定法。

③脯氨酸与甲醛作用产生不稳定化合物，使结果偏低；含有酚羟基的酪氨酸在滴定时会消耗一些标准碱液造成结果偏高。体系中若有铵盐存在也可与甲醛反应，造成测定误差。也可改用电位滴定法。

④液体样品可直接取用。固体样品应先进行粉碎，然后在50℃条件下用蒸馏水萃取约0.5 h，取萃取液进行测定。

2. 茚三酮比色法

（1）原理

氨基酸在碱性溶液中与茚三酮反应，生成蓝紫色化合物，在570 nm波长处有最大吸收，氨基酸含量与蓝紫色化合物的颜色深浅在一定范围内成正比，可比色测定。

（2）仪器与试剂

分光光度计、天平（感量为1 mg）。

①氨基酸标准溶液：准确称取完全干燥的氨基酸0.200 0 g，用蒸馏水溶解并定容至100 mL，混匀。精确吸取此液10.0 mL于100 mL容量瓶中，用蒸馏水定容至刻度，摇匀，即得200 μg/mL氨基酸标准溶液。

② 20 g/L茚三酮溶液：称取茚三酮1 g，用35 mL热水溶解，加入40 mg氯化亚锡搅拌过滤（做防腐剂），收集滤液于50 mL容量瓶中，冷暗处放置过夜。用蒸馏水定容至刻度，摇匀备用。

③磷酸盐缓冲溶液（pH值为8.04）：准确称取磷酸二氢钾4.535 0 g，蒸馏水溶解定容至500 mL；准确称取磷酸氢二钠11.938 0g，用蒸馏水溶解定容至500 mL。取磷酸二氢钾溶液10 mL与磷酸氢二钠溶液190 mL混合即为pH值为8.04的缓冲溶液。

（3）操作方法

①标准曲线绘制。精确吸取氨基酸标准液0.0 mL、0.5 mL、1.0 mL、1.5 mL、2.0 mL、2.5 mL、3.0 mL（相当于0 μg、100 μg、200 μg、300 μg、400 μg、500 μg，600 μg氨基酸）

分别置于 7 支 25 mL 比色管中。加水补充至总体积约 4.0 mL。然后分别加入 20 g/L 茚三酮溶液和 pH 值为 8.04 的磷酸盐缓冲溶液 1 mL，混合均匀。在 100℃沸水浴中加热 15 min。取出立即冷却至室温，加水至刻度，摇匀，静置 15 min 后在波长 570 nm 处进行比色，以试剂空白为参比溶液，分别测定各管的吸光度值，绘制吸光度值－氨基酸浓度曲线。

②样品测定。吸取澄清的样液 1 ~ 40 mL，按上述制作标准曲线的方法测定 570 nm 处的吸光度值。在标准曲线上查对应的氨基酸质量（μg）。

（4）结果计算

$$\omega=\frac{m_0}{m\times1000}\times100$$

式中，ω 为样品中氨基酸态氮的含量，g/100 g；m_0 为从标准曲线上查得的氨基酸的质量，μg；m 为测定样品溶液相当于样品的质量，g。

（5）说明及注意事项

①液体样品可直接取用，固体样品应先进行粉碎，然后用蒸馏水和 5 g 活性炭加热煮沸，过滤，用热水分几次洗涤活性炭，合并滤液于 100 mL 容量瓶中，定容，备用。

②茚三酮试剂常由于受到光照、温度、湿度等环境因素影响而被氧化呈现红色，影响比色测定。使用前需要结晶处理。方法为：称取 5 g 茚三酮溶于 25 mL 热水中，加入 0.25 g 活性炭，轻轻摇动 1 min，静置 30 min 后用滤纸过滤。滤液置于冰箱中过夜。次日析出黄白色结晶，抽滤，用 1 ~ 2 mL 冷水洗涤结晶。置于干燥器中干燥后，装入棕黄色瓶中备用。

（二）氨基酸的分离分析方法

以下是氨基酸的自动分析仪法。

1. 原理

氨基酸的组成分析，现代广泛地采用离子交换法，并由自动化的仪器来完成。其原理是利用各种氨基酸的酸碱性、极性和分子量等性质，使用阳离子交换树脂在色谱柱上进行分离。当样液加入色谱柱顶端后，采用不同的 pH 值和离子浓度的缓冲溶液即可将它们依次洗脱下来，即先是酸性氨基酸和极性较大的氨基酸，其次是非极性的和芳香性氨基酸，最后是碱性氨基酸；分子量小的比分子量大的先被洗脱下来，洗脱下来的氨基酸可用茚三酮显色，从而定量各种氨基酸。

定量测定的依据是氨基酸和茚三酮反应生成蓝紫色化合物的颜色深浅与各有关氨基

酸的含量成正比。但脯氨酸和羟脯氨酸则生成黄棕色化合物，故须在另外波长处定量测定。

阳离子交换树脂是由聚苯乙烯与二乙烯苯经交联再磺化而成。其交联度为 8。

氨基酸分析仪有 2 种：一种是低速型，使用 300 ~ 400 目的离子交换树脂；另一种是高速型，使用直径 4 ~ 6 μm 树脂。不论哪一种在分析组成蛋白质的各种氨基酸时，都用柠檬酸钠缓冲液；完全分离和定量测定 40 ~ 46 种游离氨基酸时，则使用柠檬酸锂缓冲液。但分析后者时，由于所用缓冲液种类多，柱温也要变为 3 个梯度，因此一般不能用低速型。

2. 仪器

氨基酸自动分析仪。

3. 操作方法

（1）样品处理

测定样品中各种游离氨基酸含量，可以除去脂肪等杂质后，直接上柱进行分析。测定蛋白质的氨基酸组成时样品必须经酸水解，使蛋白质完全变成氨基酸后才能上柱进行分析。

酸水解的方法：称取经干燥的蛋白质样数毫克，加入 2 mL 5.7 mol/L 盐酸，置于 110℃烘箱内水解 24 h，然后除去过量的盐酸，加缓冲溶液稀释到一定体积，摇匀。取一定量的水解样品上柱进行分析。

如果样品中含有糖和淀粉、脂肪、核酸、无机盐等杂质，必须将样品预先除去杂质后再进行酸水解处理。去除杂质的方法如下所示。

去糖和淀粉：把样品用淀粉酶水解，然后用乙醇溶液洗涤，得到蛋白质沉淀物。

去脂肪：先把干燥的样品研碎后用丙酮或乙醚等有机溶剂离心或过滤抽提，得蛋白质沉淀物。

去核酸：将样品在 10% NaCl 溶液中，85℃加热 6 h，然后用热水洗涤，过滤后将固形物用丙酮干燥即可。

去无机盐：样品经水解后含有大量无机盐时还必须用阳离子交换树脂进行去盐处理。其方法是用国产 732 型树脂，先用 1 mol/L 盐酸洗成 H 型，然后用水洗成中性，装在一根小柱内。将去除盐酸的水解样品用水溶解之后上柱，并不断用水洗涤，直至洗出液中无氯离子为止（用硝酸银溶液检查）。此时氨基酸全被交换在树脂上，而无机盐类被洗去。最后用 2 mol/L 的氨水溶液把交换的氨基酸洗脱下来。收集洗脱液进行浓缩，蒸干。然后上柱进行分析。

（2）样品测定

经过处理后的样品上柱进行分析。上柱的样品量视所用自动分析仪的灵敏度而定。一般为每种氨基酸 0.1 μmol 左右（水解样品干重为 0.3 mg 左右）。对于一些未知蛋白质含量的样品，水解后必须预先测定氨基酸的大致含量后才能分析，否则会出现过多或过少的现象。测定必须在 pH 值为 5 ~ 5.5、100℃下进行，反应时间为 10 ~ 15 min，生成的紫色物质在 570 nm 波长下进行比色测定，而生成的黄色化合物在 440 nm 波长下进行比色测定。做一个氨基酸全分析一般只需 1 h 左右，同时可将几十个样品一道装入仪器，自动按序分析，最后自动计算给出精确的数据。仪器精确度为 1% ~ 3%。

（4）结果计算

带有数据处理机的仪器，各种氨基酸的定量结果能自动打印出来，否则，可用尺子测量峰高或用峰高乘以半峰宽确定峰面积进而计算出氨基酸的精确含量。另外，根据峰出现的时间可以确定氨基酸的种类。

（5）说明及注意事项

①显色反应用的茚三酮试剂，随着时间推移发色率会降低，故在较长时间测样过程中，应随时采用已知浓度的氨基酸标液上柱测定，以检验其变化情况。

②近年来出现的采用反相色谱原理制造的氨基酸分析仪，可使蛋白质水解出的 17 种氨基酸在 12 min 内完成分离，且具有灵敏度高（最小检出量可达 1 μmol）、重现性好及一机多用等优点。

第五节 膳食纤维的测定

膳食纤维具有突出的保健功能，有研究表明膳食纤维可以促进人体正常排泄，降低某些癌症、心血管和糖尿病的发病率，因而膳食纤维逐渐成为营养学家、流行病学家及食品科学家等关注的热点。食品中纤维的测定提出最早、应用最广泛的是粗纤维测定法。此外，还有酸性洗涤纤维法、中性洗涤纤维法等分析方法。

一、粗纤维分析

（一）原理

试样中的糖、淀粉、果胶质和半纤维素经硫酸作用水解后，用碱处理，除去蛋白质及脂肪酸残渣为粗纤维。不溶于酸碱的杂质，可灰化后除去。

（二）试剂

① 25%［质量浓度为 25 g/（100 mL），下同］硫酸。

② 25%［质量浓度为 25 g/（100 mL），下同］氢氧化钾溶液。

③石棉：加 5%［质量浓度为 5 g/（100 mL），下同］氢氧化钠溶液浸泡石棉，水浴上回流 8 h 以上，用热水充分洗涤后，用［质量浓度为 20 g/（100 mL）］盐酸在沸水浴上回流 8 h 以上，用热水充分洗涤，干燥。在 600 ~ 700℃中灼烧后，加水成混悬物，储存于玻塞瓶中。

（三）操作方法

称取 20 ~ 30 g 捣碎的试样（或 5.0 g 干试样），移入 500 mL 锥形瓶中，加 200 mL 煮沸的 25% 硫酸，加热微沸，保持体积恒定，维持 30 min，每 5 min 摇锥形瓶一次。取下锥形瓶，立即用亚麻布过滤，用沸水洗涤至不呈酸性。用 200 mL 煮沸的 25% 氢氧化钾溶液将亚麻布上的存留物洗入原锥形瓶内加热微沸 30 min，立即以亚麻布热过滤，用沸水洗涤 2 ~ 3 次，移入干燥称量的 G_2 垂熔坩埚或同型号的垂熔漏斗中抽滤，热水充分洗涤后抽干。依次用乙醇和乙醚洗涤一次。将坩埚和内容物在 105℃称量，重复操作，直至恒量。如果试样含较多不溶性杂质，可将试样移入石棉坩埚，烘干称量后，移入 550℃高温炉中使含碳物质全部灰化，于干燥器内冷至室温称量，损失的量即为粗纤维量。

（四）结果计算

$$\omega = \frac{m_1}{m} \times 100$$

式中，ω 为试样中粗纤维的质量分数，g/(100 g)；m_1 为烘箱中烘干后残余物的质量(或经高温炉损失的质量)，g；m 为试样的质量，g。

计算结果表示到小数点后一位。在重复性条件下 2 次独立分析结果的绝对值不得超过算术平均值的 10%。

（五）说明及注意事项

①样品中脂肪含量高于 1% 时，应先用石油醚脱脂，然后再测定，如脱脂不足，结果将偏高。

②酸、碱消化时，如产生大量泡沫，可加入 2 滴硅油或正辛醇消泡。

二、酸性洗涤纤维（ADF）分析

鉴于粗纤维测定法重现性差的主要原因是碱处理时纤维素、半纤维素和木质素发生了降解而流失。酸性洗涤纤维法取消了碱处理步骤，用酸性洗涤剂浸煮代替酸碱处理。

（一）原理

样品经磨碎烘干，用十六烷基三甲基溴化铵的硫酸溶液回流煮沸，除去细胞内容物，经过滤、洗涤、烘干，残渣即为酸性洗涤纤维。

（二）试剂

①酸性洗涤剂溶液：称取 20 g 十六烷基三甲基溴化铵，加热溶于 0.5 mol/L 硫酸溶液中并稀释至 2 000 mL。

②硫酸溶液：0.5 mol/L，取 56 mL 硫酸，徐徐加入水中，稀释到 2 000 mL。

③消泡剂：萘烷。

④丙酮。

（三）操作方法

将样品磨碎使之通过 16 目筛，在强力通风的 95℃烘箱内烘干，移入干燥器中，冷却。精确称取 1.00 g 样品，放入 500 mL 锥形瓶中，加入 100 mL 酸性洗涤剂溶液、2 mL 萘烷，连接回流装置，加热使其在 3 ~ 5 min 内沸腾，并保持微沸 2 h，然后用预先称量好的粗孔玻璃砂芯坩埚（1 号）过滤（靠自重过滤，不抽气）。

用热水洗涤锥形瓶，滤液合并入玻璃砂芯坩埚内，轻轻抽滤，将坩埚充分洗涤，热水总用量约为 300 mL。

用丙酮洗涤残留物，抽滤，然后将坩埚连同残渣移入 95 ~ 105℃烘箱中烘干至恒重。移入干燥器内冷却后称重。

（四）结果计算

$$\omega = \frac{m_1}{m} \times 100$$

式中，ω 酸性洗涤纤维（ADF）的含量，g/100 g；m_1 为残留物质量，g；m 为样品质量，g。

三、中性洗涤纤维（NDF）分析

（一）原理

样品经热的中性洗涤剂浸煮后，残渣用热蒸馏水充分洗涤，除去样品中游离淀粉、蛋白质、矿物质，然后加入α－淀粉酶溶液以分解结合态淀粉，再用蒸馏水、丙酮洗涤，以除去残存的脂肪、色素等，残渣经烘干，即为中性洗涤纤维（不溶性膳食纤维）。

本法适用于谷物及其制品、饲料、果蔬等样品，对于蛋白质、淀粉含量高的样品，易形成大量泡沫，黏度大，过滤困难，使此法应用受到限制。本法设备简单、操作容易、准确度高、重现性好。所测结果包括食品中全部的纤维素、半纤维素、木质素，最接近于食品中膳食纤维的真实含量，但不包括水溶性非消化性多糖，这是此法的最大缺点。

（二）仪器与试剂

1. 仪器

①提取装置。由带冷凝器的 300 mL 锥形瓶和可将 100 mL 水在 5 ～ 10 min 内由 25℃升温到沸腾的可调电热板组成。

②玻璃过滤坩埚（滤板平均孔径 40 ～ 90 μm）。

③抽滤装置由抽滤瓶、抽滤架、真空泵组成。

2. 试剂

①中性洗涤剂溶液。

a. 将 18.61 g EDTA 和 6.81 g 四硼酸钠用 250 mL 水加热溶解。

b. 将 30 g 十二烷基硫酸钠和 10 mL 2- 乙氧基乙醇溶于 200 mL 热水中，合并于 a 液中。

c. 把 4.56 g 磷酸氢二钠溶于 150 mL 热水，并入 a 液中。

d. 用磷酸调节混合液 pH 值至 6.9 ～ 7.1，最后加水至 1 000 mL，此液使用期间如有沉淀生成，须在使用前加热到 60℃，使沉淀溶解。

②十氢化萘（萘烷）。

③α－淀粉酶溶液：取 0.1 mol/L Na_2HPO_4和 0.1 mol/L NaH_2PO_4溶液各 500 mL，混匀，配成磷酸盐缓冲液。称取 12.5 mg α－淀粉酶，用上述缓冲溶液溶解并稀释到 250 mL。

④丙酮。

⑤无水亚硫酸钠。

（三）操作方法

①将样品磨细使之通过 20 ～ 40 目筛。精确称取 0.500 ～ 1.000 g 样品，放入 300 mL 锥形瓶中，如果样品中脂肪含量超过 10%，按每克样品用 20 mL 石油醚提取 3 次。

②依次向锥形瓶中加入 100 mL 中性洗涤剂、2 mL 十氢化萘和 0.05 g 无水亚硫酸钠，加热锥形瓶使之在 5 ～ 20 mm 内沸腾，从微沸开始计时，准确微沸 1 h。

③把洁净的玻璃过滤器在 110℃烘箱内干燥 4 h，放入干燥器内冷却至室温，称重。将锥形瓶内全部内容物移入过滤器，抽滤至干，用不少于 300 mL 的热水（100℃）分 3 ～ 5 次洗涤残渣。

④加入 5 mL α－淀粉酶溶液，抽滤，以置换残渣中的水，然后塞住玻璃过滤器的底部，加 20 mL α－淀粉酶液和几滴甲苯（防腐），置过滤器于（37 ± 2）℃培养箱中保温 1 h。取出滤器，取下底部的塞子，抽滤，并用不少于 500 mL 热水分次洗去酶液，最后用 25 mL 丙酮洗涤，抽干滤器。

⑤置滤器于 110℃烘箱中干燥过夜，移入干燥器中冷却至室温，称重。

（四）结果计算

$$\text{中性洗涤纤维(NDF)} = \frac{m_1 - m_0}{m} \times 100\%$$

式中，m_0 为玻璃过滤器质量，g；m_1 为玻璃过滤器和残渣质量，g；m 为样品质量，g。

（五）说明及注意事项

①中性洗涤纤维相当于植物细胞壁，它包括了样品中全部的纤维素、半纤维素、木质素、角质，因为这些成分是膳食纤维中不溶于水的部分，故又称为“不溶性膳食纤维”。由于食品中可溶性膳食纤维（来源于水果的果胶、某些豆类种子中的豆胶、海藻的藻胶、某些植物的黏性物质等可溶于水，称为水溶性膳食纤维）含量较少，所以中性洗涤纤维接近于食品中膳食纤维的真实含量。

②样品粒度对分析结果影响较大，颗粒过粗时结果偏高，而过细时又易造成滤板孔眼堵塞，使过滤无法进行。一般采用 20 ～ 30 目为宜，过滤困难时，可加入助剂。

第四章 食品中添加剂的安全检测技术

第一节 食品添加剂概述

食品添加剂在食品加工中起着非常重要的作用，是不可或缺的主要基础配料，被列为我国加速开发发展的重要基础行业。可以这样说，没有现在种类多样的食品添加剂，就没有发展迅速的现代化的食品工业。食品添加剂在现代食品工业中占有很重的分量，与它所起到的作用是密不可分的。主要可以用于贮存食物，作用到微生物的层面上，保证食物的品质和风味不发生变化；改变食品的外部特性，提升食品的色香味等方面的品质；丰富食物的营养种类，防止食物的营养流失和匮乏；还可以用于加工食品的过程之中，促进食品加工业的产业化发展。

在世界范围内，无论是哪个国家开发使用任何一种添加剂都必须经过安全检测才能够应用于实际。那么怎样的安全检测条件和标准才能够被大家所接受呢？就是依据有关要求对添加剂对食品所起到的作用，所产生的影响进行鉴定和评价。其中最重要的是毒理学评价，它是制定食品添加剂使用标准的重要依据。

一、半数致死量（LD_{50}）

半数致死量或称致死中量，即一组受试动物死亡 50% 的剂量（单位 mg/kg 体重），这是经口一次性给予或 24 h 内多次给予受试动物后，在短时间内动物所产生的毒性反应，包括可以致死的和非致死的 2 方面的指标参数，是判断食品添加剂急性毒性的重要指标。致死剂量通常用半数致死剂量 LD_{50} 表示。相同的受试动物、不同的给饲途径，其 LD_{50} 不同。对食品添加剂来说，主要采用经口 LD_{50}，其经口 LD_{50} 越大，毒性就越低。当 LD_{50} 数值小于 1 时，属于极毒；当 LD_{50} 数值在 5 001 和 15 000 之间时，实际上是无毒的；当 LD_{50} 数值大于 15 000 时，属于无毒。通常，对动物毒性很低的物质，对人的毒性往往也低。

二、日允许摄入量（ADI）

通过长期摄入该受试物质的小动物仍无任何中毒表现的每日摄入剂量，其单位为 mg/（kg，d）。待动物试验结果出来之后，在一定的条件下将所得结果推论到人，得到人的一天中允许摄入的含量ADI。由于动物试验等的不同，所得ADI也有不同。

三、一般公认安全（GRAS）

依据世界上大多数国家和组织经过公认的，认为不会对人体和环境造成损坏的一些添加剂列为安全范围之内。一般包括纯属天然的物质、已经使用某些年限证明没有问题的物质等。

我国食品添加剂标准化技术委员会规定，从动植物可食部分提取的天然食用香料一般不进行毒理学试验即可使用。对凡属WHO建议批准使用或已制定ADI者，以及FEMA、欧洲理事会、国际香料工业组织等4个国际组织中2个以上允许使用的品种，我国均允许使用。

第二节 食品中防腐剂的检测

防腐剂是指一类加入食品中能防止或延缓食品腐败的食品添加剂，其本质是具有抑制微生物增殖或杀死微生物的一类化合物。防腐剂对微生物繁殖体有杀灭作用，使芽孢不能发育为繁殖体而逐渐死亡。不同的防腐剂，其作用机理不完全相同，如醇类能使病原微生物蛋白质变性；苯甲酸、尼泊金类能与病原微生物酶系统结合，影响和阻断其新陈代谢过程；阳离子型表面活性剂类有降低表面张力作用，增加菌体细胞膜的通透性，使细胞膜破裂和溶解。

在食品工业中，作为防腐剂，不能影响人体正常的生理功能。通常来说，在正常规定的使用范围内使用食品防腐剂对人体没有毒害或毒性很小，而防腐剂的超标准使用对人体的危害很大。因此，食品防腐剂的定性与定量的检测在食品安全性方面是非常重要的。

一、苯甲酸和山梨酸的检测

（一）气相色谱法

1. 原理

样品用盐酸（1∶1）酸化，使山梨酸和苯甲酸游离出来，再用乙醚提取，气相色谱-氢火焰离子化检测器检测。

2. 仪器与试剂

气相色谱仪（具有氢火焰离子化检测器）。

①乙醚（不含过氧化物）、石油醚（沸程 30 ～ 60℃）、无水硫酸钠。

②盐酸（1 ：1）：取 100 mL 盐酸，加水稀释至 200 mL。

③氯化钠酸性溶液（40 g/L）：在 40 g/L 氯化钠溶液中加少量盐酸（1 ：1）酸化。

④山梨酸标准储备液（2 mg/mL）：准确称取山梨酸 0.200 0 g，置于 100 mL 容量瓶中，用石油醚 – 乙醚（3 ：1）混合溶剂溶解，并稀释至刻度。

⑤苯甲酸标准储备液（2 mg/mL）：准确称取苯甲酸 0.200 0 g，置于 100 mL 容量瓶中，用石油醚 – 乙醚（3 ：1）混合溶剂溶解，并稀释至刻度。

⑥山梨酸、苯甲酸标准使用液：吸取适量的山梨酸、苯甲酸标准溶液，以石油醚 – 乙醚（3 ：1）混合溶剂稀释，浓度分别为 50.00、100.00、150.00、200.00，250.00（μg/mL）的山梨酸或苯甲酸。

3. 操作方法

①样品处理。称取 2.50 g 混合均匀的样品，置于 25 mL 具塞量筒中，加 0.5 mL 盐酸（1 ：1）酸化，用 10 mL 乙醚提取 2 次，每次振摇 1 min，将上层乙醚提取液转入另一个 25 mL 带塞量筒中。合并乙醚提取液。用 3 mL 氯化钠酸性溶液洗涤 2 次，静止 15 min，用滴管将乙醚层通过无水硫酸钠滤入 25 mL 容量瓶中。加乙醚至刻度，混匀。准确吸取 5 mL 乙醚提取液于 5mL 具塞刻度试管中，置 40℃水浴上挥干，加入 2mL 石油醚—乙醚（3 ：1）混合溶剂溶解残渣，备用。

②色谱参考条件。

色谱柱：HP ～ INNOWAX，30 m × 0.32 mm × 0.25 μm。

进样口温度：250℃，检测器温度：250℃。

升温程序：80℃保持 1 min，以 30℃ /min 升温到 180℃保持 1 min，再以 20℃升温至 220℃，保持 10 min。

进样量：2 μL，分流比 4 ：1。

③样品测定。分别进 2 μL 标准系列中各浓度标准使用液于气相色谱仪中，以浓度为横坐标，相应的峰面积（或峰高）为纵坐标，绘制山梨酸、苯甲酸的标准曲线。同时进样 2μL 样品溶液。测得峰面积（或峰高）与标准曲线比较定量。

4. 结果计算

$$\omega=\frac{c\times V\times 1\ 000}{m\times\frac{5}{25}\times 1\ 000}$$

式中，ω 为样品中山梨酸或苯甲酸的含量，mg/kg；c 为测定用样品液中山梨酸或苯甲酸的浓度 μg/mL；V 为加入石油醚－乙醚（3 ∶ 1）混合溶剂的体积，mL；m 为样品的质量，g；5 为测定时吸取乙醚提取液的体积，mL；25 为样品乙醚提取液的总体积，mL。

5. 说明及注意事项

①样品提取液应用无水硫酸钠充分脱除水分，如果挥干后仍有残留水分，必须将水分挥干，否则会使结果偏低。

②乙醚提取液挥干后如有氯化钠析出，应将氯化钠搅松后再加入石油醚－乙醚混合液，否则氯化钠覆盖部分苯甲酸，会使结果偏低。

③本方法采用酸性石油醚振荡提取，用氯化钠溶液洗涤去除杂质。注意振荡不宜太剧烈，以免产生乳化现象。

④苯甲酸具有一定的挥发性，浓缩时，水浴温度不宜超过 40℃，否则结果偏低。

⑤本方法适用于酱油、果汁、果酱等样品的分析。

（二）高效液相色谱法

1. 原理

样品提取后，将提取液过滤后进入反相高效液相色谱中分离、测定，根据保留时间定性，峰面积进行定量。

2. 仪器与试剂

高效液相色谱仪（配紫外检测器）。

方法中所用试剂，除另有规定外，均为分析纯试剂，水为蒸馏水或同等纯度水。

①甲醇（色谱纯）、正己烷（分析纯）。

②氨水（1 ∶ 1）：氨水与水等体积混合。

③亚铁氰化钾溶液：称取 106 g 三水合亚铁氰化钾，加水溶解后定容至 1 000 mL。

④乙酸锌：称取 220 g 二水合乙酸锌溶于少量水中，加入 30 mL 冰乙酸，加水稀释至 1 000 mL。

⑤乙酸铵溶液（0.02 mol/L）：称取 1.54 g 乙酸铵，加水至 1 000 mL，溶解，经滤膜（0.45 μm）过滤。

⑥ pH 值为 4.4 乙酸盐缓冲溶液。

a. 乙酸钠溶液：称取 6.80 g 三水合乙酸钠，用水溶解后定容至 1 000 mL。

b. 乙酸溶液：量取 4.3 mL 冰乙酸，用水稀释至 1 000 mL。

将 a 和 b 按体积比 37 ∶ 63 混合，即为 pH 值为 4.4 的乙酸盐缓冲液。

⑦ pH 值为 7.2 的磷酸盐缓冲液。

a. 磷酸氢二钠溶液：称取 23.88 g 十二水合磷酸氢二钠，用水溶解后定容至 1 000 mL。

b. 磷酸二氢钾溶液：称取 9.07 g 磷酸二氢钾，用水溶解后定容至 1 000 mL。

将 a 和 b 按体积比 7 ∶ 3 混合，即为 pH 值为 7.2 的磷酸盐缓冲液。

⑧苯甲酸标准储备溶液（1 mg/mL）：准确称取 0.236 0 g 苯甲酸钠，加水溶解并定容至 200 mL。

⑨山梨酸标准储备溶液（1 mg/mL）：准确称取 0.170 2 g 山梨酸钾，加水溶解并定容至 200 mL。

⑩苯甲酸、山梨酸标准混合使用溶液：准确量取不同体积的苯甲酸、山梨酸标准储备溶液，将其稀释为苯甲酸和山梨酸的含量分别为 0.00、20.0、40.0、80.0、100.0、200.0（mg/mL）混合标准使用液。

3. 操作方法

（1）样品处理

a. 液体样品

第一，碳酸饮料、果汁、果酒、葡萄酒等液体样品。称取 10 g（精确至 0.001 g）样品，放入小烧杯中，含乙醇或二氧化碳的样品须在水浴中加热除去二氧化碳或乙醇，用氨水调酸碱度近中性，转移至 25 mL 容量瓶中，定容，混匀，过 0.45 μm 滤膜，待上机分析。

第二，乳饮料、植物蛋白饮料等含蛋白质较多的样品。称取 10 g（精确至 0.001 g）样品于 25 mL 容量瓶中，加入 2 mL 亚铁氰化钾溶液，摇匀，再加入 2 mL 乙酸锌溶液，摇匀，沉淀蛋白质，加水定容至刻度，4 000 r/min 离心 10 min，取上清液，过 0.45 μm 滤膜，待上机分析。

b. 半固态样品。

第一，含有胶基的果冻样品。称取 0.5 ~ 1 g 样品（精确至 0.001 g），加少量水，转移到 25 mL 容量瓶中，在加水至约 20 mL，在 60 ~ 70℃水浴中加热片刻，加塞，剧烈振荡使其分散均匀，用氨水调 pH 值近中性，置于 60 ~ 70℃水浴中加热 30 min，取出后趁热超声 5 min，冷却后用水定容至刻度，过 0.45 μm 滤膜，待上机分析。

第二，油脂、奶油类样品。称取 2 ~ 3 g（精确至 0.001 g）于 50 mL 离心管中，加入 10 mL 正己烷，涡旋混合，使样品充分溶解，4 000 r/min 离心 3 min，吸取正己烷转移至

250 mL 分液漏斗中，在向离心管中加入 10 mL 重复提取一次，合并正己烷提取液于 250 mL 分液漏斗中。在分液漏斗中加入 20 mL pH 值为 4.4 乙酸盐缓冲溶液，加塞后剧烈振荡分液漏斗约 30 s，静置，分层后，将水层转移至 50 mL 容量瓶中，20 mL pH 值为 4.4 乙酸盐缓冲溶液重复提取一次，合并水层于容量瓶中用乙酸盐缓冲液定容至刻度，过 0.45 μm 滤膜，待上机分析。

c. 固体样品。

第一，饼干、糕点、肉制品等。称取 2 ~ 3 g（精确至 0.001 g）于小烧杯中，用约 20 mL 水分数次冲洗样品，将样品转移至 25 mL 容量瓶中，超声提取 5 min，取出后加入 2 mL 亚铁氰化钾溶液，摇匀，再加入 2 mL 乙酸锌溶液，摇匀，用水定容至刻度。提取液转入离心管中，4 000 r/min 离心 10 min，取上清液过 0.45 μm 滤膜，待上机分析。

第二，油脂含量高的火锅底料、调料等样品。称取 2 ~ 3 g（精确至 0.001 g）于 50 mL 离心管中，加入 10 mL 磷酸盐缓冲液，用涡旋混合器充分混合，然后于 4 000 r/min 离心 5 min，吸取水层转移至 25 mL 容量瓶中，再加入 10 mL 磷酸盐缓冲液于离心管中，重复提取，合并 2 次水层提取液，用磷酸缓冲液定容至刻度，混匀，过 0.45 μm 滤膜，待上机分析。

（2）色谱参考条件

色谱柱：C_{18} 柱，4.6 mm × 250 mm，5 μm，或性能相当色谱柱。

流动相：甲醇＋ 0.02 mol/L 乙酸铵溶液（5 ∶ 95）。

流速：1 mL/min。

进样量：10 μL。

检测器：紫外检测器，波长 230 nm。

4. 结果计算

$$\omega = \frac{c \times V \times 1000}{m \times 1000 \times 1000}$$

式中，ω 为样品中苯甲酸或山梨酸的含量，g/kg；c 为从标准曲线得出的样品中待测物的浓度，μg/mL；V 为样品定容体积，mL；m 为样品质量，g。

5. 说明及注意事项

①对于固态食品，苯甲酸的最低检出限为 1.8 mg/kg，山梨酸的最低检出限为 1 ~ 2 mg/kg。

②本方法可以同时检测糖精钠。

③山梨酸的最佳检测波长为 254 nm，苯甲酸和糖精钠的最佳检测波长为 230 nm，为了保证同时检测的灵敏度，方法选择检测波长为 230 nm。

④样品中如含有二氧化碳，乙醇等应先加热除去。

⑤含脂肪和蛋白质的样品应先除去脂肪和蛋白质，以防污染色谱柱，堵塞流路系统。

⑥可根据具体情况适当调整流动相中甲醇的比例，一般在 4% ~ 6%。

二、脱氢乙酸的检测

（一）气相色谱法

1. 原理

试样酸化后，脱氢乙酸用乙醚提取，浓缩，用附氢火焰离子化检测器的气相色谱仪进行分离测定，外标法定量。

2. 仪器与试剂

气相色谱仪（带氢火焰离子化检测器）。

①乙醚、丙酮、无水硫酸钠、饱和氯化钠溶液、1% 碳酸氢钠溶液、10% 硫酸（体积分数）。

②脱氢乙酸标准储备液（10 mg/mL）：准确称取脱氢乙酸标准品 100 mg，置 10 mL 容量瓶中，用丙酮溶解、定容。

③脱氢乙酸标准工作液：取脱氢乙酸标准储备液，用丙酮分别稀释至浓度为 100.00，200.00、300.00、400.00、500.00、800.00（mg/mL）的脱氢乙酸标准工作液。

3. 操作方法

（1）样品处理

a. 果汁。称取 20 g 混合均匀的样品于 250 mL 分液漏斗中，加入 1 mL 10% 硫酸酸化，然后加入 10 mL 饱和氯化钠溶液，摇匀，分别用 50、30、30（mL）乙醚提取 3 次，每次 2 min，放置，将上层乙醚层吸入另一分液漏斗中，合并乙醚提取液，以 10 mL 饱和氯化钠溶液洗涤一次，弃去水层。用滤纸除去漏斗颈部的水分，塞上脱脂棉，加无水硫酸钠 10 g，将提取液通过无水硫酸钠过滤至浓缩瓶中，在 50℃水浴浓缩器上浓缩近干，吹氮气除去残留溶剂。用丙酮定容后供气相色谱测定。

b. 腐乳、酱菜。称取 5 g 混合均匀的样品于 100 mL 具塞试管中，加入 1 mL10% 硫酸酸化，加入 10 mL 饱和氯化钠溶液，摇匀，用 50、30、30（mL）乙醚提取 3 次，用吸管转移乙醚至 250 mL 分液漏斗中，用 10 mL 饱和氯化钠溶液洗涤一次，弃去水层，用 50 mL 碳酸氢钠溶液提取 2 次，每次 2 min，水层转移至另一分液漏斗中，用硫酸调节为酸性，加氯化钠至饱和，用 50、30、30（mL）乙醚提取 3 次，合并乙醚层于 250 mL 分液漏斗中。用滤纸除去漏斗颈部的水分，塞上脱脂棉，加无水硫酸钠 10 g，将滤液过滤至浓缩器瓶中，

在浓缩器上浓缩近干，吹氮气除去残留溶剂。用丙酮定容后供气相色谱测定。

（2）色谱参考条件

色谱柱：毛细管柱为 HP-5（30 m × 250 μm × 0.25 μm）。

柱温：170℃。进样口温度：230℃。检测器温度：250℃。

升温程序：初始温度为 120℃，以 10℃ /min 至 170℃。

氢气流速：50 mL/min。空气流速：500 mL/min。氮气流速：1.5 mL/min。

（3）样品测定

分别进 2 μL 标准系列中各浓度标准使用液于气相色谱仪中，以浓度为横坐标，相应的峰面积（或峰高）为纵坐标，绘制标准曲线。同时进样 2 μL 样品溶液。测得峰面积（或峰高）与标准曲线比较定量。

4. 结果计算

$$\omega=\frac{c\times V\times1000}{m\times1000\times1000}$$

式中，ω 为样品中脱氢乙酸的含量，g/kg；c 为由标准曲线查得样品中脱氢乙酸的含量，μg/mL；V 为样品液中丙酮体积，mL；m 为样品质量，g。

5. 说明及注意事项

①本方法适合于果汁、腐乳、酱菜中脱氢乙酸的测定。

②本方法的检出限，果汁为 2.0 mg/kg；腐乳、酱菜为 8.0 mg/kg。

③本方法的实验条件也适用于脱氢乙酸、山梨酸、苯甲酸的同时测定。

④用乙醚提取时不要剧烈振荡以防止乳化。

（二）液相色谱法

1. 原理

用氢氧化钠溶液提取试样中的脱氢乙酸，脱脂、除蛋白质后，用高效液相色谱紫外检测器测定，外标法定量。

2. 仪器与试剂

高效液相色谱仪。

①甲醇、乙酸铵（优级纯）。

②正己烷、氯化钠（分析纯）。

③ 10% 甲酸：量取 10 mL 甲酸，加水 90 mL，混匀。

④ 0.02 mol/L 乙酸铵溶液：称取 1.54 g 乙酸铵，用水溶解并定容至 1 L。

⑤ 20 g/L 氢氧化钠：称取 20 g 氢氧化钠，用水溶解，并定容至 1 L。

⑥ 120 g/L 硫酸锌：称取 120 g 七水硫酸锌，用水溶解并定容至 1 L。70% 甲醇：量取 70 mL 甲醇，加水 30 mL，混匀。

⑦脱氢乙酸标准储备液（1 mg/mL）：准确称取脱氢乙酸标准品 100 mg，用 10 mL 20 g/L 的氢氧化钠溶液溶解，用水定容至 100 mL。

⑧脱氢乙酸标准工作液：分别吸取 0.1、1.0、5.0、10、20（mL）的脱氢乙酸储备液，用水稀释至 100 mL，配成浓度分别为 1.0、10.0、50.0、100.0、200.0（μg/mL）的脱氢乙酸标准工作液。

3. 操作方法

（1）样品处理

a. 果汁等液体样品。准确称取 2 ~ 5 g 混匀样品，置于 25 mL。容量瓶中，加入约 10 mL 水，用 20 g/L 氢氧化钠溶调 pH 值至 7 ~ 8，加水稀释至刻度，摇匀，置于离心管中 4 000 r/min 离心 10 min。取 20 mL 上清液用 10% 甲酸调 pH 值至 4 ~ 6，定容至 25 mL，待净化。固相萃取柱使用前用 5 mL 甲醇，10 mL 水活化，取 5 mL 样品提取液加入已活化的固相萃取柱，用 5 mL 水淋洗，用 2 mL 70% 甲醇洗脱，收集洗脱液，过 0.45 滤膜，供高效液相色谱分析。

b. 酱菜、发酵豆制品。准确称取 2 ~ 5 g 混合均匀的样品，置于 25 mL 容量瓶中，加入约 10 mL 水，5 mL 硫酸锌，用氢氧化钠溶调 pH 值至 7 ~ 8，加水稀释至刻度，超声提取 10 min，取 10 mL 于离心管中，4 000 r/min 离心 10 min。取上清液过 0.45 μm 滤膜。

c. 黄油、面包、糕点、焙烤食品馅料、复合调味料。准确称取混合均匀的样品 2 ~ 5 g，置于 50 mL 容量瓶中，加入约 10 mL 水、5 mL 硫酸锌，用氢氧化钠溶液调 pH 值至 7 ~ 8，加水定容至刻度，超声提取 10 min，转移到分液漏斗中，加入 10 mL 正己烷，振摇 1 min，静置分层，弃去正己烷层，再加入 10 mL 正己烷重复提取一次，取下层水相置于离心管中，4 000 r/min 离心 10 min。取上清液过 0.45μm 滤膜，供高效液相色谱分析。

（2）色谱参考条件

色谱柱：C_{18} 柱，5μm，250 mm × 4.6 mm。

流动相：甲醇＋ 0.02 mol/L 乙酸铵（10 ∶ 90，体积比）。

流速：1.0 mL/min。

柱温：30℃。

进样量：10μ L。

检测波长：293 nm。

4. 结果计算

$$\omega=\frac{\left(c-c_0\right)\times V\times f\times 1000}{m\times 1000\times 1000}$$

式中，ω为样品中脱氢乙酸的含量，g/kg；c为由标准曲线查得样品中脱氢乙酸的含量，μg/mL；c_0为由标准曲线查得空白样品中脱氢乙酸的含量，μg/mL；V为样品溶液总体积，mL；f为过萃取柱换算系数；m为样品质量，g。

5. 说明及注意事项

①该方法适用于黄油、酱菜、发酵豆制品、面包、糕点、焙烤食品馅料、复合调味汁、果蔬汁中脱氧乙酸的测定。

② 1 mg/mL 的标准储备液，4℃保存，可使用 3 个月；标准曲线工作液，4℃保存，可使用 1 个月。

③如液相色谱分离效果不理想，取 10 ~ 20 mL 上清液，用 10% 乙酸调整 pH 值　至 4 ~ 6 后，定容到 25 mL，取 5 mL 过固相萃取柱净化，收集洗脱液，过 0.45 μm 滤膜，再进行分析。

④本法在为 5 ~ 1 000 mg/kg 范围回收率在 80% ~ 110%，相当标准偏差小于 10%。

第三节　食品中抗氧化剂的检测

食品抗氧化剂是能防止或延缓食品或其成分原料氧化变质的食品添加剂。肉类食品的变色、水果、蔬菜的褐变等均与氧化有关，含油脂多的食品中尤其严重。抗氧化剂的种类繁多，目前我国允许使用的抗氧剂为 25 种，尚无统一的分类标准。根据溶解性的不同，分为水溶性抗氧化剂和脂溶性抗氧化剂；按来源不同，分为天然抗氧化剂和人工合成抗氧化剂；按作用机理不同，分为自由基抑制剂、金属离子螯合剂、氧清除剂、单线态氧猝灭剂、过氧化物分解剂、酶抗氧化剂、增效剂等。

抗氧化的作用是阻止或延缓食品氧化变质的时间，而不能改变已经氧化的结果，在抗氧化剂的使用上有一定的要求。一般来说，抗氧化剂应尽早加入，加入方式以直接加入脂肪和油的效果最方便、最有效。抗氧化剂的使用量一般较少，有的抗氧化剂使用量大时反而会加速氧化过程。选择抗氧化剂时要考虑食品的 pH 值、香味、口感等因素，并与食品充分混合均匀后才能很好地发挥作用，同时还要控制影响抗氧化剂发挥性能的因素，以达到良好的抗氧化效果。

一、丁基羟基茴香醚和二丁基羟基甲苯检测

（一）气相色谱法

1. 原理

试样中的丁基羟基茴香醚（BHA）和二丁基羟基甲苯（BHT）用有机溶剂提取，凝胶渗透色谱净化，用气相色谱氢火焰离子化检测器检测，采用保留时间定性，外标法定量。

2. 仪器与试剂

气相色谱仪：配氢火焰离子化检测器；凝胶渗透色谱净化系统。

①环己烷、乙酸乙酯、丙酮、乙腈（色谱纯）。

②石油醚：沸程 30 ~ 60℃（重蒸）。

③ BHA 和 BHT 混合标准储备液（1 mg/mL）：准确称取 BHA、BHT 标准品各 100 mg 用乙酸乙酯–环己烷（1 ∶ 1）溶解，并定容至 100 mL，4℃冰箱中保存。

④ BHA 和 BHT 标准工作液：分别吸取标准储备液 0.1、0.5、1.0、2.0、3.0、4.0、5.0（mL）于 10mL 容量瓶中，用乙酸乙酯 – 环己烷（1 ∶ 1）定容，配成浓度分别为 0.01、0.05、0.10、0.20、0.30、0.40、0.50（mg/mL）标准序列。

3. 操作方法

（1）样品提取

油脂含量在 15% 以上的样品（如桃酥）：称取 50 ~ 100 g 混合均匀的样品，置于 250 mL 具塞三角瓶中，加入适量石油醚，使样品完全浸泡，放置过夜，用滤纸过滤，回收溶剂，得到的油脂过 0.45 μm 滤膜。

油脂含量在 15% 以下的样品（蛋糕、江米条等）：称取 1 ~ 2 g 粉碎均匀的样品，加入 10 mL 乙腈，涡旋混合 2 min，过滤，重复提取 2 次，收集提取液旋转蒸发近干，用乙腈定容至 2 mL，待气相色谱分析。

（2）样品净化

准确称取提取的油脂样品 0.5 g（精确至 0.1 mg），用乙酸乙酯–正己烷（1 ∶ 1）定容至 10 mL，涡旋 2 min，经凝胶渗透色谱装置净化，收集流出液，旋转蒸发近干，用乙酸乙酯–环己烷（1 ∶ 1）定容至 2 mL，待气相色谱分析。

（3）凝胶色谱净化参考条件

凝胶渗透色谱柱：300 mm ×25 mm 玻璃柱，Bio Beads（S–X3），200 ~ 400 目，25 g。

柱分离度：玉米油与抗氧化剂的分离度大于 85%。

流动相：乙酸乙酯 – 环己烷（1 ∶ 1）。

流速：4.7 mL/min。

流出液收集时间：7 ~ 13 min。

紫外检测波长：254 nm。

（4）气相色谱参考条件

色谱柱：14% 氰丙基 – 苯基二甲基硅氧烷毛细管柱 30 m × 0.25 mm，0.25 μm。

进样口温度：230℃，检测器温度：250℃。

进样量：1 μL。

进样方式：不分流。

升温程序：开始 80℃，保持 1 min，以 10℃ /min 升温至 250℃，保持 5 min。

（5）样品测定。分别吸取 BHA 和 BHT 标准工作液 1 μL，注入气相色谱中，以标准溶液的浓度为横坐标，峰面积为纵坐标，绘制标准曲线。吸取 1 μL 将样品提取液进行样品分析。

4. 结果计算

$$\omega = \frac{c \times V \times 1000}{m \times 1000}$$

式中，ω 为样品中 BHA 或 BHT 的含量，mg/kg 或 mg/L；c 为从标准曲线中查得的样品溶液中抗氧化剂的浓度，μg/mL；V 为样品定容体积，mL；m 为样品质量，g 或 mL。

5. 说明及注意事项

①本方法适用于食品中 BHA 和 BHT 的检测，同时还可以检测 TBHQ 的含量。

②本方法的最小检出限：BHA 为 2 mg/kg，BHT 为 2 mg/kg 和 TBHQ 为 5 mg/kg。

（二）高效液相色谱法

1. 原理

样品中的 BHA 和 BHT 经甲醇提取，利用反相 08 柱进行分离，紫外检测器检测，外标法定量。

2. 仪器与试剂

高效液相色谱仪（配紫外检测器或二极管阵列检测器）。

①甲醇、乙酸（色谱纯）。

②混合标准储备液配置（1 mg/mL）：准确称取 BHA 和 BHT 标准品各 100 mg 用甲醇溶解并定容至 100 mL，4℃冰箱中保存。

③标准工作液：准确吸取混合标准储备液 0.1、0.5、1.0、1.5、2.0、2.5（mL）于 10 mL 容量瓶中，用甲醇定容，配成浓度分别为 10.0、50.0、100.0、150.0、200.0、250.0（μg/mL）标准工作溶液。

3. 操作方法

（1）样品处理

准确称取植物油样品 5 g（精确至 0.001 g），置于 15 mL 具塞离心管中，加入 8 mL 甲醇，涡旋提取 3 min，放置 2 min 后，3 000 r/min 离心 5 min，将上清液转移至 25 mL 容量瓶中，残余物再用 8 mL 甲醇重复提取 2 次，合并上清液于容量瓶中，用甲醇定容至刻度，混匀，过 0.45 μm 有机滤膜，待高效液相色谱分析。

（2）色谱参考条件

色谱柱：反相 C_{18} 色谱柱，150 mm × 3.9 mm，4.6 μm。

流动相。A：甲醇，B：1% 乙酸水溶液。

流速：0.8 mL/min。

洗脱程序：起始为 40%A，7.5 min 后变为 100%A，保持 4 min，1.5 min 后变为 40%A，平衡 5 min。

检测波长：280 nm。

进样量：10 μL。

检测温度：室温。

4. 结果计算

$$\omega = \frac{c \times V \times 1000}{m \times 1000}$$

式中，ω 为样品中 BHA 或 BHT 的含量，mg/kg；c 为从标准曲线中查得提取液中抗氧化剂的浓度，μg/mL；V 为样品提取液定容体积，mL；m 为样品质量，g。

5. 说明及注意事项

①本方法适用于植物油中 BHA 和 BHT 的检测，还可以同时检测 TBHQ 的含量。

②方法的检出限：BHA 为 1.0 mg/kg，BHT 为 0.5 mg/kg，TBHQ 为 1.0 mg/kg。

二、特丁基对苯二酚的检测

（一）气相色谱法

1. 原理

食用植物油中的特丁基对苯二酚（TBHQ）经80%乙醇提取，浓缩后，用氢火焰离子化检测器检测，根据保留时间定性，外标法定量。

2. 仪器与试剂

气相色谱仪（配氢火焰离子化检测器）。

①无水乙醇、95%乙醇、二硫化碳。

② 80%乙醇甲醇：量取80 mL 95%乙醇和15 mL蒸馏水，混匀。

③ TBHQ标准储备液（1 mg/mL）：称取TBHQ 100 mg于小烧杯中，用1 mL无水乙醇溶解，加入5 mL二硫化碳，移入100 mL容量瓶中，再用1 mL无水乙醇洗涤烧杯后，用二硫化碳冲洗烧杯，定容至100 mL。

④ TBHQ标准工作溶液：吸取标准储备液0.0、2.5、5.0、7.5、10.0、12.5（mL）于50 mL容量瓶中，用二硫化碳定容，配成浓度分别为0.0、50.0、100.0、150.0、200.0，250.0（Mg/mL）TB ~ HQ标准工作溶液。

3. 操作方法

（1）样品处理

准确称取试样2.00 g于25 mL具塞试管中，加入6 mL 80%乙醇溶液，置于涡旋振荡器混匀，静止片刻，放入90℃水浴中加热促使其分层，迅速将上层提取液转移至蒸发皿中，再用6 mL 80%乙醇重复提取2次，提取液合并入蒸发皿中，将蒸发皿在60℃水浴中挥发近干，向蒸发皿中加入二硫化碳，少量多次洗涤蒸发皿中残留物，转移到刻度试管中，用二硫化碳定容至2.0 mL。

（2）色谱参考条件

色谱柱：玻璃柱：内径3 mm，长3 m，填装涂布2%OV–1固定液的80 ~ 100目Chromosorb WAW DMCS。

进样口温度：250℃。检测器温度：250℃。柱温：180℃。

（3）样品检测

取标准工作溶液2注入气相色谱中，以浓度为横坐标，峰面积为纵坐标绘制标准曲线。同时取样品提取液2 μL，注入气相色谱仪测定，取试样TBHQ峰面积与标准系列比较定量。

4. 结果计算

$$\omega = \frac{c \times V \times 1000}{m \times 1000 \times 1000}$$

式中，ω 为试样中的 TBHQ 含量，g/kg；c 为由标准曲线上查出的试样测定液中 TBHQ 的浓度，μg/mL；V 为试样提取液的体积，mL；m 为试样的质量，g。

5. 说明及注意事项

①本标准适合于较低熔点的食用植物油中 TBHQ 含量的测定。不适用于熔点高于 35℃以上的食用植物油中 TBHQ 含量的测定。

②方法的定量限为 0.001 g/kg。

③标准储备液置于棕色瓶中 4℃下可保存 6 个月。

④转移提取液时避免将油滴带出，挥发干时切勿蒸干。

（二）液相色谱法

1. 原理

食用植物油中的 TBHQ 经 95% 乙醇提取、浓缩、定容后，用液相色谱仪测定，与标准系列比较定量。

2. 仪器与试剂

高效液相色谱仪（配有二极管阵列或紫外检测器）。

①甲醇、乙腈（色谱纯）。

② 95% 乙醇、36% 乙酸（分析纯）。

③异丙醇（重蒸馏）、异丙醇 – 乙腈（1 ∶ 1）

④ TBHQ 标准储备液（1 mg/mL）：准确称取 TBHQ 50 mg 于小烧杯中，用异丙醇–乙腈（1 ∶ 1）溶解后，转移至 50 mL 棕色容量瓶中，小烧杯用少量异丙醇 – 乙腈（1 ∶ 1）冲洗 2 ~ 3 次，同时转入容量瓶中，用异丙醇 – 乙腈（1 ∶ 1）定容至刻度。

⑤ TBHQ 标准中间液：准确吸取 TBHQ 标准储备液 10.00 mL，于 100 mL 棕色容量瓶中，用异丙醇 – 乙腈（1 ∶ 1）定容，此溶液浓度为 100 μg/mL，置于 4℃冰箱中保存。

⑥ TBHQ 标准使用液：吸取标准储备液 0.0、0.5、1.0、2.0、5.0、10.0（mL）标准中间液于 10 mL 容量瓶中，用异丙醇 – 乙腈（1 ∶ 1）定容，配成浓度分别为 0.0、5.0、10.0、20.0、50.0、100.0（μg/mL）TBHQ 标准工作溶液。

3. 操作方法

（1）样品处理

准确称取试样 2.00 g 于 25 mL 比色管中，加入 6 mL 95% 乙醇溶液，置旋涡混合器上混合 10 s，静置片刻，放入 90℃左右水浴中加热 10 ~ 15 s 促其分层。分层后将上层澄清提取液，用吸管转移到浓缩瓶中（用吸管转移时切勿将油滴带入）。再用 6 mL 95% 乙醇溶液重复提取 2 次，合并提取液于浓缩瓶内，该液可放在冰箱中储存一夜。

乙醇提取液在 40℃下，用旋转蒸发器浓缩至约 1 mL，将浓缩液转移至 10 mL 试管中，用异丙醇–乙腈（1 ∶ 1）转移、定容，经 0.45 μm 滤膜过滤，待高效液相色谱分析。

（2）色谱参考条件

色谱柱：C_{18} 柱，250 mm × 4.6 mm，4.6 μm。

流动相：A：甲醇 – 乙腈（1 ∶ 1），B：乙酸 – 水（5 ∶ 100）。

系统程序：8 min 内由 30%A 变为 100%A，保持 6 min，3 min 后降至 30%A。

检测波长：280 nm。

流速：2.0 mL/min。

柱温：40℃。

进样量：20 μL。

（3）样品测定

取 TBHQ 标准工作液 20 μL 注入液相色谱仪，以浓度为横坐标，峰面积为纵坐标绘制标准曲线。取样品提取液 20 μL 注入液相色谱仪，根据试样中的 TBHQ 峰面积与标准曲线比较定量。

4. 结果计算

$$\omega = \frac{c \times V \times 1000}{m \times 1000 \times 1000}$$

式中，ω 为试样中的 TBHQ 含量，g/kg；c 为由标准曲线上查出的试样测定液中 TBHQ 的浓度，μg/mL；V 为试样提取液的体积，mL；m 为试样的质量，g。

5. 说明及注意事项

①本标准适合于较低熔点的食用植物油中 TBHQ 含量的测定。不适用于熔点高于 35℃以上的食用植物油中 TBHQ 含量的测定。

②方法的定量限为 0.006 g/kg。

③标准储备液置于棕色瓶中 4℃下可保存 6 个月。

④转移提取液时避免将油滴带出，旋转蒸发时避免将溶剂蒸干。

第四节 食品中甜味剂的检测

甜味剂是许多食品的指标之一，为使食品、饮料具有适口的感觉，需要加入一定量的甜味剂。甜味剂是指赋予食品或饲料以甜味的食物添加剂。按照来源的不同，可将其分为天然甜味剂和人工甜味剂。天然营养型甜味剂如蔗糖、葡萄糖、果糖、果葡糖浆、麦芽糖、蜂蜜等，一般视为食品原料，可用来制造各种糕点、糖果、饮料等，不作为食品添加剂加以控制。非糖类甜味剂有天然的和人工合成的两类，天然甜味剂如甜菊糖、甘草等，人工合成甜味剂有糖精、糖精钠、乙酰磺氨酸钾（安赛蜜）、环已基氨基磺酸钠（甜蜜素）、天冬酰苯丙氨酸甲酯（阿斯巴甜）、三氯蔗糖等。

一、糖精钠的检测

（一）原理

试样加温除去二氧化碳和乙醇，调 pH 值至近中性，过滤后进高效液相色谱仪。经反相色谱分离后，根据其标准物质峰的保留时间进行定性，以其峰面积求出样品中被测物质的含量。

（二）仪器与试剂

高效液相色谱仪（附紫外检测器）。

①甲醇、氨水（1 ∶ 1）。

②乙酸铵溶液：0.02 mol/L。

③糖精钠标准使用溶液：0.10 mg/mL。

（三）操作方法

1. 样品处理

（1）汽水

称取 5.00 ~ 10.00 g，放入小烧杯中，微温搅拌除去二氧化碳，用氨水（1 ∶ 1）调 pH 约为 7。加水定容至适当的体积，经 0.45 μm 滤膜过滤。

称取 5.00 ~ 10.00 g，用氨水（1 ∶ 1）调 pH 值约为 7，加水定容至适当的体积，离心沉淀，上清液经 0.45 μm 滤膜过滤。

称取 10.00 g，放小烧杯中，水浴加热除去乙醇，用氨水（1 ∶ 1）调 pH 值约为 7，加水定容至 20 mL，经 0.45 μm 滤膜过滤。

（2）固体、半固体食品

准确称取 25 g 样品于透析膜中，加 0.08% NaOH 60 mL，制成糊状，将透析袋口扎紧，放于盛有 0.08% NaOH 200 mL 的烧杯中透析，过夜。在透析液烧杯中，加 HCl（1 ∶ 1）0.8 mL，使呈中性，加 0.2% $CuSO_4$ 15 mL、4% NaOH 8 mL，混匀，30 min 后过滤。取滤液 100 mL 用水定容至 250 mL 分液漏斗中。加稀 HCl（1 + 1），用无水乙醚 30 mL 提取残渣 2 次，合并乙醚提取液于 K–D 浓缩器中，浓缩至干；加水溶解，再用氨水（1 ∶ 1）调 pH 值约为 7，移入 10 mL 容量瓶中，加水定容，经 0.45 μm 滤膜过滤。

2. 标准曲线的绘制

分别吸取糖精钠标准使用溶液（0.10 mg/mL）O mL、0.2 mL、0.4 mL、0.6 mL、0.8 mL、1.0 mL 于 10 mL 容量瓶中，用氨水（1 ∶ 1）调 pH 值约为 7，加水定容至刻度，摇匀。分别取 10 μL 注入高效液相色谱仪，以峰面积为纵坐标、浓度为横坐标，绘制标准曲线。

3. 样品测定

吸取样品处理液 10 μL 注入高效液相色谱仪中进行分离，以其标准溶液峰的保留时间为依据进行定性，以其峰面积求出样液中被测物质的含量。

（四）结果计算

$$\omega=\frac{m_1}{m\times\frac{V_1}{V_2}\times1000}\times1000$$

式中，ω 为样品中糖精钠的含量，g/kg；m_1 样品峰面积查标准曲线对应含量，mg；m 为样品质量，g；V_1 为进样液体积，mL；V_2 为样品处理液体积，mL。

（五）说明及注意事项

①样品如为碳酸饮料类，应先水浴加温搅拌除去二氧化碳；如为配制酒类，应先水浴加热除去乙醇，再用氨水（1 ∶ 1）调 pH 值约为 7。

②固体、半固体样品为蜜饯、糕点、酱菜、冷饮等。

③糖精易溶于乙醚，而糖精钠难溶于乙醚，为了便于乙醚提取，使糖精钠转换为糖精，样品溶液须进行酸化处理。

④为防止用乙醚萃取时发生乳化，可在样品溶液中加入$CuSO_4$和NaOH，沉淀蛋白质；对于富含脂肪的样品，可先在碱性条件下用乙醚萃取脂肪，然后酸化，再用乙醚提取糖精。

⑤此方法可以同时测定苯甲酸、山梨酸和糖精钠。

二、乙酰磺氨酸钾的检测

（一）原理

试样中乙酰磺氨酸钾经反相C_{18}柱分离后，以保留时间定性，峰高或峰面积定量。

（二）仪器与试剂

高效液相色谱仪。

①甲醇、乙腈。

②硫酸铵溶液：0.02mol/L。

③硫酸溶液：10%。

④中性氧化铝：100 ~ 200 目。

⑤乙酰磺氨酸钾标准储备液：1 mg/mL。

⑥流动相: 0.02 mol/L 硫酸铵（740 ~ 800 mL）+甲醇（170 ~ 150 mL）+乙腈（90 ~ 50 mL）+ 10% H_2SO_4（1 mL）。

（三）操作方法

1. 样品处理

（1）汽水

将试样温热，搅拌除去二氧化碳或超声脱气。吸取试样 2.5 mL 于 25 mL 容量瓶中，加流动相至刻度，摇匀后，溶液通过微孔滤膜过滤，过滤做 HPLC 分析用。

（2）可乐型饮料

将试样温热，搅拌除去二氧化碳或超声脱气，吸取已除去二氧化碳的试样 2.5 mL，通过中性氧化铝柱，待试样液流至柱表面时，收集 25 mL 洗脱液，摇匀后超声脱气，此液做 HPLC 分析用。

（3）果茶、果汁类食品

吸取 2.5 mL 试样，加水约 20 mL 混匀后，离心 15 min（4 000 r/min），上清液全部转入中性氧化铝柱，待水溶液流至柱表面时，用流动相洗脱。收集洗脱液 25 mL，混匀后，超声脱气，此液做 HPLC 分析用。

2. 标准曲线的绘制

分别进样含乙酰磺氨酸钾 4 μg/mL、8 μg/mL，12 μg/mL，16 μg/mL、20 μg/mL 的标准液各 10 μL，进行 HPLC 分析，然后以峰面积为纵坐标，以乙酰磺氨酸钾的含量为横坐标，绘制标准曲线。

3. 样品测定

吸取处理后的试样溶液 10 μL 进行 HPLC 分析，测定其峰面积，从标准曲线查得测定液中乙酰磺氨酸钾的含量。

（四）结果计算

$$\omega=\frac{c\times V\times 1000}{m\times 1000}$$

式中，ω 为试样中乙酰磺氨酸钾的含量，mg/kg 或 mg/L；c 为由标准曲线上查得进样液中乙酰磺氨酸钾的量 μg/mL；V 为试样稀释液总体积，mL；m 为试样质量，g 或 mL。

（五）说明及注意事项

①本方法也适用于糖精钠的测定。

②本方法检出限：乙酰磺氨酸钾、糖精钠为 4 μg/mL（g），线性范围乙酰磺氨酸钾、糖精钠为 4 ~ 20 μg/mL。

三、甜蜜素的检测

（一）原理

在硫酸介质中环已基氨基磺酸钠与亚硝酸反应，生成环已醇亚硝酸酯，用气相色谱法测定，根据保留时间和峰面积进行定性和定量。

（二）仪器与试剂

气相色谱仪（附氢火焰离子化检测器）。

①层析硅胶（或海砂）、亚硝酸钠溶液（50 g/L）、100 g/L 硫酸溶液。

②环已基氨基磺酸钠标准溶液：准确称取 1.000 0 g 环已基氨基磺酸钠（含环已基氨基磺酸钠＞98%），加水溶解并定容至 100 mL，此溶液每毫升含环已基氨基磺酸钠 10 mg。

（三）操作方法

1. 样品处理

（1）液体样品

含二氧化碳的样品先加热除去二氧化碳，含酒精的样品加氢氧化钠溶液（40 g/L）调至碱性，于沸水浴中加热除去乙醇。样品摇匀，称取20.0 g于100 mL带塞比色管，置冰浴中。

（2）固体样品

将样品剪碎称取2.0 g于研钵中，加少许层析硅胶或海砂研磨至呈干粉状，经漏斗倒入100 mL容量瓶中，加水冲洗研钵，并将洗液一并转移至容量瓶中，加水至刻度，不时摇动。1 h后过滤，滤液备用。准确吸取20 mL滤液于100 mL带塞比色管，置冰浴中。

2. 色谱参考条件

色谱柱：长2 m，内径3 mm，不锈钢柱。

固定相：Chromosorb WAW DMCS 80 ~ 100目，涂以10%SE-30。

柱温：80℃。汽化温度：150℃。检测温度：150℃。

流速：氮气40 mL/min，氢气30 mL/min，空气300 mL/min。

3. 标准曲线的绘制

准确吸取1.00 mL环己基氨基磺酸钠标准溶液于100 mL带塞比色管中，加水20 mL，置冰浴中，加入5 mL亚硝酸钠溶液（50 g/L），5 mL硫酸溶液（100 g/L），摇匀，在冰浴中放置30 min，并不时摇动。然后准确加入10 mL正己烷、5 g氯化钠，摇匀后置旋涡混合器上振动1 min（或振摇80次），静置分层后吸出己烷层于10 mL带塞离心管中进行离心分离。每毫升己烷提取液相当于1 mg环己基氨基磺酸钠。将环己基氨基磺酸钠的己烷提取液进样1 ~ 5 μL于气相色谱仪中，根据峰面积绘制标准曲线。

4. 样品测定

在样品管中自“加入5 mL亚硝酸钠溶液（50 g/L）……”起依标准曲线绘制中所述方法操作，然后将试样同样进样1 ~ 5 μL，测定峰面积，从标准曲线上查出相应的环己基氨基磺酸钠含量。

（四）结果计算

$$\omega=\frac{A\times10\times1000}{m\times V\times1000}$$

式中，ω为样品中环己基氨基磺酸钠的含量，g/kg；A为从标准曲线上查得的测定用试样中环己基氨基磺酸钠的质量，μg；m为样品的质量，单位为克（g）；V为进样体积，μL；10表示正己烷加入的体积，mL。

第五节　食品中其他添加剂的检测

一、漂白剂的检测

漂白剂是为了消除食品加工制造过程中染上或保留在原料中的某些令色泽不正、容易使人产生不洁或厌恶等感觉的有色物质而使用的漂白物质。根据作用的机理不同，分为还原型漂白剂和氧化型漂白剂两大类。还原型漂白剂利用与着色物质的发色基团发生还原反应，使之褪色，达到漂白、抑制褐变。常用的还原性漂白剂为亚硫酸及其盐类，如二氧化硫、焦亚硫酸钠、亚硫酸氢钠、亚硫酸钠、低亚硫酸钠等。还原漂白剂应用较广，且多为亚硫酸及其盐类，产生的亚硫酸具有很强的还原性，能消耗食品组织中的氧，抑制好氧性微生物的活动，还能抑制某些微生物活动所需要的酶的活性，具有一定的防腐作用。氧化性漂白剂利用与发色基团发生氧化反应，使之分解褪色，达到漂白、抑菌的作用。

（一）亚硫酸盐的检测

1. 充氮蒸馏 - 分光光度法

（1）原理

样品加入盐酸后，充氮气蒸馏，使其中的二氧化硫释放出来，并被甲醛溶液吸收，形成稳定的羟甲基磺酸加成化合物。加入氢氧化钠使化合物分解，与甲醛及盐酸苯胺作用生成紫红色络合物，在 577 nm 处有最大吸收，测定其吸光值，与标准系列比较定量。

（2）仪器与试剂

分光光度计、充氮蒸馏装置、流量计、酒精灯。

①乙醇、冰乙酸、正辛醇。

② 6% 氢氧化钠溶液：称取 6 g 氢氧化钠溶液用水溶解，并稀释至 100 mL。

③ 0.05 mol/L 环己二胺四乙酸二钠溶液（CDTA-2Na）：称取 1.82g 反式 -1，2- 反式环己二胺四乙酸，加入 6.5 mL 氢氧化钠溶液，用水稀释到 100 mL。

④甲醛吸收液储备液：称取 2.04 g 邻苯二甲酸氢钾，用少量水溶解，加入 5.5 mL 甲醛，20 mL CDTA-2Na 溶液，用水稀释至 100 mL。

⑤甲醛吸收液：将甲醛吸收液储备液稀释 100 倍，现用现配。

⑥盐酸副玫瑰苯胺：称取 0.1 g 精制过的盐酸副玫瑰苯胺于研钵中，加少量水研磨使

溶解并稀释至 100 mL。取 50 mL 置于 100 mL 容量瓶中，分别加入磷酸 30 mL、盐酸 12 mL，用水定容，混匀，放置 24 h，避光密封保存，备用。

⑦ 0.100 mol/L 碘标准溶液：称取 12.7 g 碘，加入 40 g 碘化钾和 25 mL 水，搅拌至完全溶解，用水稀释至 1 000 mL，储存在棕色瓶中。

⑧ 0.100 mol/L 硫代硫酸钠标准溶液。

⑨ 0.05% 乙二胺四乙酸二钠溶液（ED1A-2Na）：称取 0.25 g EDTA-2Na 溶于 500 mL 新煮沸并冷却的水中，现用现配。

⑩二氧化硫标准溶液：称取 0.2 g 亚硫酸钠，溶于 200 mL EDTA-2Na 溶液中，摇匀，放置 2 ~ 3 h 后标定。

二氧化硫标准溶液标定：吸取 20.0 mL 二氧化硫标准储备液于 250 mL 碘量瓶中，加 50 mL 新煮沸但已冷却的水，准确加入 0.1 mol/L 碘标准溶液 10.00 mL，1 mL 冰乙酸，盖塞、摇匀，放置于暗处，5 min 后迅速以 0.100 mol/L 硫代硫酸钠标准溶液滴定至淡黄色，加 1.0 mL 淀粉指示液，继续滴至无色。另取 20 mL EDTA-2Na，按相同方法做试剂空白试验。根据标定的二氧化硫的含量，用甲醛吸收液稀释为 100 mg/mL 二氧化硫标准储备液。

二氧化硫标准使用液（1 mg/mL）：将二氧化硫标准储备液用甲醛吸收液稀释 100 倍。

（3）操作方法

①样品处理。称取 0.2 ~ 2 g（精确至 0.001 g）样品于 100 mL 烧瓶中，加入 2 mL 乙醇，1 mL 丙酮 - 乙醇溶液、2 滴正辛醇及 20 mL 水，混匀。量取 20 mL 甲醛吸收缓冲液于 50 mL 吸收瓶中，并安装到蒸馏装置上，调节氮气流速为 0.5 L/min。在烧瓶中迅速加入 10 mL 盐酸溶液，将烧瓶装回蒸馏装置，用酒精灯加热，使样品溶液在 1.5 min 左右沸腾，控制火焰高度，使液面边缘无明显焦糊，加热 25 min。取下吸收瓶，以少量的水冲洗尖嘴，并入吸收瓶中，将吸收液转入 25 mL 容量瓶中定容。同时做空白实验。

②样品测定。取 25 mL 具塞试管，分别加入 0、1、3、5、8、10（mL）二氧化硫标准使用液，补加甲醛吸收液使总体积为 10 mL，混匀。再加入 5% 氢氧化钠溶液 0.5 mL，混匀，迅速加入 1.00 mL 0.05% 盐酸副玫瑰苯胺溶液，立即混匀显色。用 1 cm 比色皿，以零管调节零点，在 577 nm 处测定吸光度。

吸取 0.5 ~ 10.00 mL 样品蒸馏液，不足时须补加甲醛吸收液至 10.00 mL 于 25 mL 具塞试管中，显色，同时做空白实验。

（4）结果计算

$$\omega=\frac{\left(m_1-m_0\right)\times V_3\times 1000}{m_2\times V_4\times 1000}$$

式中，ω 为试样中的二氧化硫总含量，mg/kg；m_1 为由标准曲线中查得的测定用试液中二氧化硫的质量，μg；m_0 为由标准曲线中查得的测定用空白溶液中二氧化硫的质量，μg；m_2 为试样的质量，g；V_3 为试样蒸馏液定容体积，mL；V_4 为测定用蒸馏液定容体积，mL。

（5）说明及注意事项

①本方法适用于食用菌中亚硫酸盐的测定。

②本方法的检出限为 0.1 mg。

③ CDTA–2Na 在 4℃冰箱中储存，可保存 1 年。100 μg/mL 二氧化硫标准储备液在冰箱中可保存 6 个月。

④二氧化硫标定时平行不少于 3 次，平行样品消耗硫代硫酸钠的体积差应小于 0.04 mL，计算时取平均值。

⑤样品显色时要保证标准系列和样品在相同的温度下，显色时间尽量保持一致。比色时操作迅速。

⑥该方法避免使用毒性较强的四氯汞钠试剂，有一定的应用前景。

2. 蒸馏法

（1）原理

样品用盐酸（1 ： 1）酸化后，在密闭容器中加热蒸馏，使二氧化硫释放出来，用乙酸铅溶液吸收。吸收后用浓酸酸化，再以碘标准溶液滴定，根据所消耗的碘标准溶液量计算出试样中的二氧化硫含量。

（2）仪器与试剂

蒸馏装置、碘量瓶、滴定管。

①盐酸（1 ： 1）：量取盐酸 100 mL，用水稀释到 200 mL。

② 2% 乙酸铅溶液：称取 2 g 乙酸铅，溶于少量水中并稀释至 100 mL。

③ 0.01 mol/L 碘标准溶液。

④ 1% 淀粉指示剂：称取 1 g 可溶性淀粉，用少许水调成糊状，缓缓倾入 100 mL 沸水中，随加随搅拌，煮沸 2 min，放冷，备用，此溶液应现配现用。

（3）操作方法

①样品处理。称取约 5.00 g 混合均匀试样（液体试样直接吸取 5.0 ～ 10.0 mL）置于

500 mL 圆底蒸馏烧瓶中，加 250 mL 水，装上冷凝装置。在碘量瓶中加入 2% 乙酸铅溶液 25 mL，冷凝管下端应插入乙酸铅吸收液中。在蒸馏瓶中加入 10 mL 盐酸（1 ：1），立即盖塞，加热蒸馏。当蒸馏液约 200 mL 时，使冷凝管下端离开液面，再蒸馏 1 min。用少量蒸馏水冲洗插入乙酸铅溶液的装置部分。同时做空白试验。

②样品测定。在碘量瓶中依次加入 10 mL 浓盐酸和 1 mL 淀粉指示剂，摇匀，用 0.01 mol/L 碘标准滴定溶液滴定至变蓝且在 30 s 内不褪色为止，记录所消耗的碘标准滴定溶液的体积。

（4）结果计算

$$\omega=\frac{\left(V_2-V_1\right)\times 0.01\times 0.032\times 1000}{m}$$

式中，ω为试样中的二氧化硫总含量，g/kg；V_1为滴定试样所用碘标准滴定溶液的体积，mL；V_2为滴定试剂空白所用碘标准滴定溶液的体积，mL；m为试样质量，g；0.032 为 1 mL 碘标准溶液相当的二氧化硫的质量，g。

（5）说明及注意事项

①本法适合于色酒和葡萄糖糖浆、果脯等食品中二氧化硫残留量的测定。

②蒸馏装置要保障密封，否则会使结果偏低。

③方法的检出浓度为 1 mg/kg。

（二）过氧化苯甲酰的检测

1. 气相色谱法

（1）原理

小麦粉中的过氧化苯甲酰被还原铁粉和盐酸反应生成的原子态的氢还原为苯甲酸，提取后用气相色谱测定。

（2）仪器与试剂

气相色谱仪（附氢离子化检测器）。

①乙醚、还原铁粉、氯化钠、丙酮、碳酸氢钠、石油醚（沸程 60 ～ 90℃）、石油醚－乙醚（3 ：1）。

②盐酸（1 ：1）：50 mL 盐酸与 50 mL 水混合。

③ 5% 氯化钠。

④ 1% 碳酸氢钠的 5% 氯化钠溶液：称取 1 g 碳酸氢钠溶于 100 mL 5% 氯化钠溶液中。

⑤ 1 mg/mL 苯甲酸标准储备液：称取苯甲酸 0.1 g（精确至 0.000 1 g），用丙酮溶解并转移至 100 mL 容量瓶中，定容。

⑥ 100 μg/m L苯甲酸标准工作液：吸取苯甲酸标准储备液 10 mL，于 100 mL 容量瓶中，用丙酮定容。

（3）操作方法

①样品处理。准确称取试样 5.00 g 加入具塞三角瓶中，加入 0.01 g 还原铁粉，数粒玻璃珠和 20 mL 乙醚，混匀。逐滴加入 0.5 mL 盐酸，摇动三角瓶，用少量乙醚冲洗内壁后，放置至少 12 h 后，摇匀，将上清液经滤纸过滤到分液漏斗中，用 15 mL 乙醚冲洗三角瓶内残渣，重复 3 次，上清液滤入分液漏斗中，最后用少量乙醚冲洗滤纸和漏斗。

在分液漏斗中加入 5% 氯化钠溶液 30 mL，振动 30 s，静置分层后，将下层液弃去，重复用氯化钠溶液洗涤一次，弃去水层，加入 1% 碳酸氢钠的 5% 氯化钠溶液 15 mL，振动 2 min，静置分层后将下层碱液放入已预先加入 3 ~ 4 勺氯化钠固体的 50 mL 具塞试管中。分液漏斗的乙醚再用碱性溶液提取一次，下层碱液合并到具塞试管中。

在具塞试管中加入 0.8 mL 盐酸（1 ： 1），适当摇动以去除残留的乙醚及反应生成的二氧化碳。加入 5.00 mL 乙醚 – 石油醚（3 ： 1），重复振动 1 min，静置分层，上层液待分析。

②标准曲线的绘制。准确吸取苯甲酸标准使用液 0.0、1.0、2.0、3.0、4.0、5.0（mL），置于 150 mL 具塞三角瓶中，除不加铁粉外，其他步骤同样品处理。标准工作液最终浓度为 0.0、20.0、40.0、60.0、80.0、100.0（μg/mL）。

③色谱参考条件。

色谱柱：内径 3 mm，长 2 m 玻璃柱，填装涂布 5%（质量分数）DEGS ＋ 1% 磷酸固定液的 Chromosorb WAW DMCS。

进样口温度：250℃。检测器的温度：250℃。柱温 180℃。

进样量：2.0 μL。

（4）结果计算

$$\omega = \frac{c \times 5 \times 1000}{m \times 1000 \times 1000} \times 0.992$$

式中，ω 为样品中过氧化苯甲酰的含量，g/kg；c 为从标准曲线中查得的相当于苯甲酸的浓度，μg/mL；5 为试样提取液定容体积，mL；m 为样品质量，g；0.992 为由苯甲酸换算成过氧化苯甲酰的换算系数。

（5）说明及注意事项

①本方法适用于小麦粉中过氧化苯甲酰含量的检测。

②用分液漏斗提取时注意放气，防止气体顶出活塞。

③在用石油醚-乙醚提取前，要振动比色管，去除多余的乙醚和二氧化碳等气体，室温较低时，可将试管放入50℃水浴中加热。

2. 液相色谱法

（1）原理

用甲醇提取样品中的过氧化苯甲酰，以碘化钾为还原剂将过氧化苯甲酰还原为苯甲酸，高效液相色谱分离，230 nm 下进行检测，外标法定量。

（2）仪器与试剂

高效液相色谱仪（配有紫外检测器或二极管阵列检测器）。

①甲醇（色谱纯）、50% 碘化钾。

② 0.02 mol/L 乙酸铵缓冲液：称取乙酸胺 1.54 g 用水溶解并稀释至 1 L，过 0.45 μm 微孔滤膜后备用。

③苯甲酸标准储备液（1 mg/mL）：称取 0.1 g（精确至 0.000 1 g）苯甲酸，用甲醇溶解并定容到 100 mL 容量瓶中。

④苯甲酸标准工作液：吸取苯甲酸标准储备液 0.0、1.25、2.50、5.00、10.0、12.5（mL）分别置于 25 mL 容量瓶中，用甲醇定容至刻度，配成浓度分别为 0.0、50.0、100.0、200.0、400.0、500（μg/mL）标准工作液。

（3）操作方法

①样品处理。称取样品 5 g（精确至 0.000 1 g）于 50 mL 具塞试管中，加入 10 mL 甲醇，在涡旋混合器上混匀 1 min，静置 5 min，加入 50% 碘化钾溶液 5 mL，在涡旋混合器上混匀 1 min，放置 10 min 后，用水定容到 50 mL，混匀，取上清液过 0.22 μm 滤膜，待液相色谱分析。

②色谱参考条件。

色谱柱：反相 C_{18}，4.6 mm × 250 mm，5 μm。

流动相：甲醇 ：0.02 mol/L 乙酸铵为 10 ：90。

检测波长：230 nm。

流速：1.0 mL/min。

进样量：10 μL。

③样品测定。分别取不含过氧化苯甲酰和苯甲酸的小麦粉 5 g（精确至 0.000 1 g）于

50 mL具塞试管中，分别加入10 mL苯甲酸标准工作液，按样品提取方法操作，使标准溶液的最终浓度分别为0.0、10.0、20.0、40.0、80.0、100.0（μg/mL），分别取10 μL注入高效液相色谱中，以苯甲酸的浓度为横坐标，峰面积为纵坐标绘制标准曲线。

取样品提取液10 μL注入高效液相色谱中，根据苯甲酸的峰面积从标准曲线上查出对应的浓度，计算样品中过氧化苯甲酰的含量。

（4）结果计算

$$\omega = \frac{c \times V \times 1000}{m \times 1000 \times 1000} \times 0.992$$

式中，ω为样品中过氧化苯甲酰的含量，g/kg；c为从标准曲线中查得的相当于苯甲酸的浓度，μg/mL；V为样品定容体积，mL；m为样品质量，g；0.992为由苯甲酸换算成过氧化苯甲酰的换算系数。

（5）说明及注意事项

①该方法适用于小麦粉中过氧化苯甲酰含量的检测。

②方法的最低检出限为0.5 mg/kg。

二、着色剂的检测

食品着色剂又称为食用色素，是以食品着色为目的的一类食品添加剂。食品的颜色是食品感官质量的重要指标之一，食品具有鲜艳的色泽不仅可以提高食品的感官质量，给人以美的享受，还可以增进食欲。在一定的使用量的范围内使用着色剂对人体没有伤害。但是若食品着色剂添加超标，长期或者一次性大量食用可能给人体内脏带来损害甚至致癌。

（一）栀子黄的检测

1. 原理

试样中栀子黄经提取净化后，用高效液相色谱法测定，以保留时间定性、峰高定量，栀子苷是栀子黄的主要成分，为对照品。

2. 仪器与试剂

高效液相色谱（配荧光检测器）、小型粉碎机、恒温水浴。

试剂均为分析纯，水为蒸馏水。

①甲醇、石油醚（60 ~ 90℃）、乙酸乙酯、三氯甲烷、姜黄色素、栀子苷。

②栀子苷标准溶液：称取2.75 mg栀子苷标准品，用甲醇溶解，并用甲醇稀释至27.5

μ g/mL 栀子苷。

③栀子苷标准使用液：分别吸取栀子苷标准溶液。0.0、2.0、4.0、6.0、8.0（mL）于 10 mL 容量瓶中，加甲醇定容至 10 mL，即得 0.0、5.5、11.0、16.5、22.0（μg/mL）的栀子苷标准系列溶液。

2. 操作方法

（1）试样处理

a. 饮料。将试样温热，搅拌除去二氧化碳或超声脱气，摇匀后，通过微孔滤膜 0.4 μm 过滤，滤液备作 HPLC 分析用。

b. 酒。试样通过微孔滤膜过滤，滤液作 HPLC 分析用。

c. 糕点。称取 10 g 试样放入 100 mL 的圆底烧瓶中，用 50 mL 石油醚加热回流 30 min，置室温。砂芯漏斗过滤，用石油醚洗涤残渣 5 次，洗液并入滤液中，减压浓缩石油醚提取液，残渣放入通风橱至无石油醚味。用甲醇提取 3 ~ 5 次，每次 30 mL，直至提取液无栀子黄颜色，用砂芯漏斗过滤，滤液通过微孔滤膜过滤，滤液储于冰箱备用。

（2）色谱参考条件

色谱柱：5 μmODS C_{18} 150 mm × 4.6 mm。

流动相：甲醇：水（35 ：65）。

流速：0.8 mL/min。

波长：240 nm。

（3）标准曲线的绘制

在本实验条件下，分别注入栀子苷标准使用液 0、2、4、6、8（μL），进行 HPLC 分析，然后以峰高对栀子苷浓度作标准曲线。

（4）样品测定

在实验条件下，注 5 μL 试样处理液，进行 HPLC 分析，取其峰与标准比较测得试样中栀子苷含量。

4. 结果计算

$$\omega = \frac{A \times V}{m \times 1000}$$

式中，ω 为试样中栀子黄色素的含量，g/kg；A 为进样液中栀子苷的含量，μg/mL；V 为试样制备液体积，mL；m 为试样质量，g。

在重复性条件下获得的 2 次独立测定结果的绝对差值不得超过 5%。

（二）诱惑红的检测

1. 原理

诱惑红在酸性条件下被聚酰胺粉吸附，而在碱性条件下解吸附，再用纸色谱法进行分离后，与标准比较定性、定量。

2. 仪器与试剂

可见分光光度计、微量注射器、展开槽、恒温水浴锅、台式离心机。

①石油醚（沸程 30 ~ 60℃）、甲醇、200 目聚酰胺粉、1 ： 10 硫酸、50 gL 氢氧化钠、海沙、50% 乙醇溶液。

②乙醇 – 氨溶液：取 2 mL 的氨水，加 70%（体积分数）乙醇至 100 mL。

③ pH 值为 6 的水：用 20% 的柠檬酸调至 pH 值为 6。

④ 200 g/L 柠檬酸溶液、100 g/L 钙酸钠溶液。

⑤诱惑红的标准溶液：准确称取 0.025 g 诱惑红，加水溶解，并定容至 25 mL，即得 1 mg/mL。

⑥诱惑红的标准使用溶液：吸取诱惑红的标准溶液 5.0 mL 于 50 mL 容量瓶中，加水稀释到 50 mL，即得 0.1 mg/mL。

⑦展开剂：丁酮：丙醇：水：氨水（7 ： 3 ： 3 ： 0.5），正丁醇：无水乙醇：1% 氨水（6 ： 2 ： 3），2.5% 柠檬酸钠：氨水：乙醇（8 ： 1 ： 2）。

3. 操作方法

（1）试样的处理

a. 汽水。将试样加热去二氧化碳后，称取 10.0 g 试样，用 20% 柠檬酸调 pH 呈酸性，加入 0.5 ~ 1.0 g 聚酰胺粉吸附色素，将吸附色素的聚酰胺粉全部转到漏斗中过滤，用 pH 4 的酸性热水洗涤多次（约 200 mL），以洗去糖等物质。若有天然色素，用甲醇 – 甲酸溶液洗涤 1 ~ 3 次，每次 20 mL，至洗液无色为止。再用 70℃的水多次洗涤至流出液中性。洗涤过程必须充分搅拌然后用乙醇 – 氨水溶分次解吸色素，收集全部解吸液，于水浴上去除氨，蒸发至 2 mL 左右，转入 5 mL 的容量瓶中，用 50% 的乙醇分次洗涤蒸发皿，洗涤液并入 5 mL 的容量瓶中，用 50% 的乙醇定容至刻度。此液留作纸色谱用。

b. 硬糖。称取 10.0 g 的已粉碎试样，加 30 mL 水，温热溶解，若试样溶液 pH 值较高，用柠檬酸溶液调至 pH 值为 4。按“汽水”中“加入 0.5 ~ 1.0 g 聚酰氨粉吸附”操作。

c. 糕点。称取 10.0 g 已粉碎的试样，加 30 mL 石油醚提取脂肪，共提 3 次，然后用电吹风吹干，倒入漏斗中，用乙醇 – 氨解吸色素，解吸液于水浴上蒸发至 20 mL，加 1 mL 的钨酸钠溶液沉淀蛋白，真空抽滤，用乙醇 – 氨解吸滤纸上的诱惑红，然后将滤液于水浴上挥去氨，调酸碱度呈酸性，以下按“汽水中加入 0.5 ～ 1.0 g 聚酰氨粉吸附”操作。

d. 冰激淋。称取 10.0g 已均匀的试样，加入 20 g 海砂，15 mL 石油醚提取脂肪，提取 2 次，倾去石油醚，然后在 50℃的水浴挥去石油醚，再加入乙醇－氨解吸液解吸诱惑红，解吸液倒入 100 mL 的蒸发皿中，直至解吸液无色。将解吸液于水浴上挥去乙醇，使体积约为 20 mL 时，加入 1 mL 硫酸，1 mL 钨酸钠溶液沉淀蛋白，放置 2 min，然后用乙醇－氨调至 pH 值呈碱性，将溶液转入离心管中，5 000 r/min，离心 15 min，倾出上清液，于水浴挥去乙醇，用柠檬酸溶液调 pH 值呈酸性，按“汽水中加 0.5 ～ 1.0 g 聚酰氨粉吸附”操作。

②定性。取色谱用纸，在距底边 2 cm 起始线上分别点 3 ～ 10 mL 的试样处理液、1 mL 色素标准液，分别挂于盛有不同展开剂的展开槽中，用上行法展开，待溶剂前沿展至 15 cm 处，将滤纸取出空气中晾干，与标准斑比较定性。

③标准曲线的绘制。吸取 0.0、0.2、0.4、0.6、0.8、1.0（mL）诱惑红标准使用液，分别置于 10 mL 比色管中，各加水稀释到刻度。用 1 mL 比色杯，以零管调零点，于波长 500 nm 处，测定吸光度，绘制标准曲线。

④样品测定。取色谱用纸，在距离底边 2 cm 的起始线上，点 0.20 mL 试样处理液，从左到右点成条状。纸的右边点诱惑红的标准溶液 1 μL，依次展开，取出晾干。将试样的色带剪下，用少量热水洗涤数次，洗液移 10 mL 的比色管中，加水稀释至刻度，混匀后，与标准管同时在 500 nm 处，测定吸光度。

4. 结果计算

$$\omega = \frac{A \times 1000}{m \times \frac{V_2}{V_1} \times 1000}$$

式中，ω 为试样中的诱惑红的含量，g/kg；A 为测定用试样处理液中诱惑红的量，mg；m 为试样的质量，g；V_1 为试样解吸后总体积，mL；V_2 为试样纸层析用体积，mL。

第五章 食品产品微生物检测

第一节 肉与肉制品检验

一、肉的腐败变质

肉中含有丰富的营养物质，在常温下放置时间过长，就会发生品质变化，最后引起腐败。肉腐败主要是由微生物作用引起变化的结果。据研究，达到 5 ×107 cfu/cm^2 生物数量时，肉的表面便产生明显的发黏，并能嗅到腐败的气味。肉内的微生物是在畜禽屠宰时，由血液及肠管侵入到肌肉里，当温度、水分等条件适宜时，便会高速繁殖而使肉质发生腐败。肉的腐败过程使蛋白质分解成蛋白胨、多肽、氨基酸，进一步再分解成氨、硫化氢、酚、吲哚、粪臭素、胺及二氧化碳等，这些腐败产物具有浓厚的臭味，对人体健康有很大的危害。

对畜禽肉进行感官鉴别时，一般是按照如下顺序进行：首先，眼看其外观、色泽，特别应注意肉的表面和切口处的颜色与光泽，是否色泽灰暗，是否存在淤血、水肿、囊肿和污染等情况；其次，嗅肉品的气味，不仅要了解肉表面上的气味，还应感知其切开时和试煮后的气味，注意是否有腥臭味；最后，用手指按压，触摸以感知其弹性和黏度，结合脂肪以及试煮后肉汤的情况，才能对肉进行综合性的感官评价和鉴别。

肉在保存过程中，由于组织酶和外界微生物的作用，一般要经过僵直→成熟→自溶→腐败等一系列变化。

（一）热肉

动物在屠宰后初期，尚未失去体温时，称为热肉。热肉呈中性或略偏碱性，pH 值为 7.0 ~ 7.2，富有弹性，因未经过成熟，鲜味较差，也不易消化。屠宰后的动物，随着正常代谢的中断，体内自体分解酶活性作用占优势，肌精原在糖原分解酶的作用下，逐渐发生酵解，产生乳酸，一般宰后 1h，pH 值降至 6.2 ~ 6.3，经 24 h 后 pH 值可降至 5.6 ~ 6.0。

（二）肉的僵直

当肉的 pH 降至 6.7 以下时，肌肉失去弹性，变得僵硬，这种状态叫作肉的僵直。肌肉僵直出现的早晚和持续时间与动物种类、年龄、环境温度、生前状态及屠宰方法有关。动物宰前过度疲劳，由于肌糖原大量消耗，尸僵往往不明显。处于僵直期的肉，肌纤维粗糙、强韧、保水性低，缺乏风味，食用价值及滋味都差。

（三）肉的成熟

继僵直以后，肌肉开始出现酸性反应，组织比较柔软嫩化，具有弹性，切面富含水分，且有令人愉悦的香气和滋味，易于煮烂和咀嚼，肉的食用性改善的过程称为肉的成熟。成熟对提高肉的风味是完全必要的，成熟的速度与肉中肌糖原含量、贮藏温度等有密切关系。在 10 ~ 15 ℃下，2 ~ 3 d 即可完成肉的成熟，在 3 ~ 5 ℃下需 7d 左右，0 ~ 2 ℃则 2 ~ 3 周才能完成。成熟好的肉表面形成一层干膜，能阻止肉表面的微生物向深层组织蔓延，并能阻止微生物在肉表面生长繁殖。肉在成熟过程中，主要是糖酵解酶类及无机磷酸化酶的作用。

（四）肉的自溶

由于肉的保藏不当，肉中的蛋白质在自身组织蛋白酶的催化作用下发生分解，这种现象叫作肉的自溶。自溶过程只将蛋白质分解为可溶性氮及氨基酸为止。由于成熟和自溶阶段的分解产物为腐败微生物的生长繁殖提供了良好的营养物质，微生物大量繁殖，必然导致肉的腐败分解，腐败分解的生成物有腐胺、硫化氢、吲哚等，使肉带有强烈的臭味，胺类有很强的生理活性，这些都可影响消费者的健康。肉成分的分解必然使其营养价值显著降低。

二、鲜肉中的微生物及其检验

（一）鲜肉中微生物的来源

一般情况下，健康动物的胴体，尤其是深部组织，本应是无菌的，但从解体到消费要经过许多环节，因此不可能保证屠畜绝对无菌。鲜肉中微生物的来源与许多因素有关，如动物生前的饲养管理条件、机体健康状况及屠宰加工的环境条件、操作程序等。

1. 宰前微生物的污染

健康动物的体表及一些与外界相通的腔道，某些部位的淋巴结内都不同程度地存在着微生物，尤其在消化道内的微生物类群更多。通常情况下，这些微生物不侵入肌肉等机体组织中，在动物机体抵抗力下降的情况下，某些病原性或条件致病性微生物，如沙门菌，可进入淋巴液、血液，并侵入肌肉组织或实质脏器；有些微生物可经体表的创伤、感染而侵入深层组织。

患传染病或处于潜伏期，相应的病原微生物可能在生前即蔓延于肌肉和内脏器官，如炭疽杆菌、猪丹毒杆菌、多杀性巴氏杆菌、耶尔森菌等。

动物在运输、宰前等过程中，由于过度疲劳、拥挤、饥渴等，可通过个别病畜或带菌动物传播病原微生物，造成宰前对肉品的污染。

2. 屠宰过程中微生物的污染

污染主要来自于健康动物的皮肤和毛上的微生物、胃肠道内的微生物、呼吸道和泌尿生殖道中的微生物、屠宰加工场所的污染状况等。此外，鲜肉在分割、包装、运输、销售、加工等各个环节，也存在微生物的污染问题。通过宰前对动物进行淋浴或水浴，坚持正确操作及个人卫生控制，可以有效减少过程污染。

（二）鲜肉中常见的微生物类群

鲜肉中的微生物来源广泛，种类甚多，包括真菌、细菌、病毒等，可分为致病性微生物、致腐性微生物及食物中毒性微生物三大类群。

1. 致腐性微生物

致腐性微生物是在自然界里广泛存在的一类寄生于死亡动植物，能产生蛋白分解酶，使动植物组织发生腐败分解的微生物，包括细菌和真菌等，可引起肉品腐败变质。

细菌是造成鲜肉腐败的主要微生物，常见的致腐性细菌主要如下。

（1）革兰阳性、产芽孢需氧菌

如蜡样芽孢杆菌、小芽孢杆菌、枯草杆菌等。

（2）革兰阴性、无芽孢细菌

如阴沟产气杆菌、大肠杆菌、奇异变形杆菌、普通变形杆菌、绿脓假单胞杆菌、荧光假单胞菌、腐败假单胞菌等。

（3）革兰阳性球菌

如凝聚性细球菌、嗜冷细球菌、淡黄绥茸菌、金黄八联球菌、金黄色葡萄球菌、粪链球菌等。

（4）厌氧性细菌

如腐败梭状芽孢杆菌、双酶梭状芽孢杆菌、溶组织梭状芽孢杆菌、产芽孢梭状芽孢杆菌等。

真菌在鲜肉中不仅没有细菌数量多，而且分解蛋白质的能力也较细菌弱，生长较慢，在鲜肉变质中起一定作用。经常可从肉上分离到的真菌有：交链霉、麴霉、青霉、枝孢霉、毛霉、芽孢发霉，而以毛霉及青霉为最多。肉的腐败，通常由外界环境中的需氧菌污染肉表面开始，然后沿着结缔组织向深层扩散，因此肉品腐败的发展取决于微生物的种类、外界条件（温度、湿度）以及侵入部位。在 1 ~ 3 ℃时，主要生长的为嗜冷菌，如无色杆菌、气杆菌、产碱杆菌、色杆菌等，菌相随肉的深度发生改变，仅嗜氧菌能在肉表面发育，到较深层时，厌氧菌处于优势。

2. 致病性微生物

人畜共患病的病原微生物，如细菌中的炭疽杆菌、布氏杆菌、李氏杆菌、鼻疽杆菌、土拉杆菌、结核分枝杆菌、猪丹毒杆菌等，病毒中的口蹄疫病毒、狂犬病病毒、水泡性口炎病毒等。另外有仅感染畜禽的病原微生物，常见的有多杀性巴氏杆菌、坏死杆菌、猪瘟病毒、兔病毒性出血症病毒、鸡新城疫病毒、鸡传染性支气管炎病毒、鸡传染性法氏囊病毒、鸡马立克氏病毒、鸭瘟病毒等。

3. 中毒性微生物

有些致病性微生物或条件致病性微生物，可通过污染食品后产生大量毒素，从而引起以急性过程为主要特征的食物中毒。常见的致病性细菌如沙门菌、志贺菌、致病性大肠杆菌等；常见的条件致病菌如变形杆菌、蜡样芽孢杆菌等。有的细菌可在肉品中产生强烈的外毒素或产生耐热的肠毒素，也有的细菌在随食品大量进入消化道过程中，能迅速形成芽孢，同时释放肠毒素，如蜡样芽孢杆菌、肉毒梭菌、魏氏梭菌等。常见的致食物中毒性微生物如链球菌、空肠弯曲菌、小肠结肠炎耶尔森菌等。另外有一些真菌在肉中繁殖后产生毒素，可引起各种毒素中毒，如麦角菌、赤霉、黄曲霉、黄绿青霉、毛青霉、冰岛青霉等。

（三）鲜肉中微生物的检验

肉的腐败是由于微生物大量繁殖，导致蛋白质分解的结果，故检查肉的微生物污染情况，不仅可判断肉的新鲜程度，而且反映肉在生产、运输、销售过程中的卫生状况，为及时采取有效措施提供依据。

1. 样品的采集及处理

屠宰后的畜肉开膛后，用无菌刀采取两腿内侧肌肉各 150 g（或者劈半后采取两侧背最长肌各 150 g）；冷藏或售卖的生肉，用无菌刀采取腿肉或其他肌肉 250 g。采取后放入无菌容器，立即送检，如果条件不允许，最好不超过 3h。送样时应冷藏，不加入任何防腐剂，检样进入化验室应立即检验或者冰箱暂存。

处理时先将样品放入沸水中（3 ~ 5 s）进行表面灭菌，再用无菌剪刀剪碎，取 25 g，放入灭菌乳钵内用灭菌剪子剪碎后，加灭菌海砂或者玻璃砂研磨，磨碎后用灭菌水 225 mL

混匀，即为1 ∶ 10稀释液。

禽类采取整只，放入灭菌器内。进行表面消毒，再用无菌剪刀去皮，剪取肌肉25g（一般可从胸部或腿部剪取），然后同上研磨、稀释。

2. 微生物检验

菌落总数测定、大肠菌群测定及病原微生物检查，均按国家规定方法进行。

3. 鲜肉压印片镜检

依据要求从不同部位取样，再从样品中切取3 cm左右的肉块，表面消毒，将肉样切成小块，用镊子夹取小肉块在载玻片上做成压印，用火焰固定或用甲醇固定，瑞士染液（或革兰）染色、水洗、干燥、镜检。

4. 鲜肉质量鉴别后的食用原则

鲜肉在腐败的过程中，由于组织成分被分解，首先使肉品的感官性状发生令人难以接受的改变，因此借助于人的感官来鉴别其质量优劣，具有很重要的现实意义。经感官鉴别后的鲜肉，可按如下原则来食用或处理。

①新鲜或优质的肉及肉制品，可供食用并允许出售，可以不受限制。

②次鲜或次质的肉及肉制品，根据具体情况进行必要的处理。对稍不新鲜的，一般不限制出售，但要求货主尽快销售完，不宜继续保存。对有腐败气味的肉及肉制品，须经修整、剔除变质的表层或其他部分后，再高温处理，方可供应食用及销售。

③腐败变质的肉，禁止食用和出售，应予以销毁或改作工业用。

三、冷藏肉中的微生物及其检验

（一）冷藏肉中微生物的来源及类群

冷藏肉的微生物来源，以外源性污染为主，如屠宰、加工、贮藏及销售过程中的污染。肉类在低温下贮存，能抑制或减弱大部分微生物的生长繁殖。嗜冷性细菌，尤其是霉菌，常可引起冷藏肉的污染与变质。能耐低温的微生物还是相当多的，如沙门菌在 –18 ℃可存活144 d，猪瘟病毒于冻肉中存活366 d，炭疽杆菌在低温下也可存活，霉菌孢子在 –8 ℃也能发芽。

冷藏肉类中常见的嗜冷细菌有假单胞杆菌、莫拉氏菌、不动杆菌、乳杆菌及肠杆菌科的某些菌属，尤其以假单胞菌最为常见。常见的真菌有球拟酵母、隐球酵母、红酵母、假丝酵母、毛霉、根霉、枝霉、枝孢霉、青霉等。

冻藏时和冻藏前污染于肉类表面并被抑制的微生物，随着环境温度的升高而逐渐生长发育；解冻肉表面的潮湿和温暖；肉解冻时渗出的组织液为微生物提供了丰富的营养物质等原因可导致解冻肉在较短时间内即可发生腐败变质。

（二）冷藏肉中的微生物变化引起的现象

在冷藏温度下，高湿度有利于假单胞菌、产碱类菌的生长，较低的湿度适合微球菌和酵母的生长，如果湿度更低，霉菌则生长于肉的表面。

肉表面产生灰褐色改变或形成黏液样物质：在冷藏条件下，嗜温菌受到抑制，嗜冷菌如假单胞菌、明串珠菌、微球菌等继续增殖，使肉表面产生灰褐色改变，尤其在温度尚未降至较低的情况下，降温较慢，通风不良，可能在肉表面形成黏液样物质，手触有滑感，甚至起黏丝，同时发出一种陈腐味，甚至恶臭。

有些细菌产生色素，改变肉的颜色：如肉中的"红点"可由黏质沙雷菌产生的红色色素引起，类蓝假单胞菌能使肉表面呈蓝色；微球菌或黄杆菌属的菌种能使肉变黄；蓝黑色杆菌能在牛肉表面形成淡绿蓝色至淡褐黑色的斑点。

在有氧条件下，酵母也能于肉表面生长繁殖，引起肉类发黏、脂肪水解、产生异味和使肉类变色（白色、褐色等）。

（三）冷藏肉中微生物的检验

1. 样品的采集

禽类采取整只，放入灭菌器内，禽肉采样应按五点拭子法从光禽体表采集。家畜冻藏胴体肉在取样时应尽量使样品具有代表性，一般以无菌方法分别从颈、肩胛、腹及臀股部的不同深度上多点采样，每一点取一方形肉块，重 50 ~ 100 g。

2. 样品的处理

冻肉应在无菌条件下将样品迅速解冻。由各检验肉块的表面和深层分别制得触片，进行细菌镜检；然后再对各样品进行表面消毒处理，以无菌手续从各样品中间部位取出 25g，剪碎、匀浆，并制备稀释液。

3. 微生物检验

为判断冷藏肉的新鲜程度，单靠感官指标往往不能对腐败初期的肉品做出准确判定，必须通过实验室检查，其中细菌镜检简便、快速，通过对样品中的细菌数目、染色特性以及触片色度 3 个指标的镜检，即可判定肉的品质，同时也能为细菌、霉菌及致病菌等的检验提供必要的参考依据。

（1）触片制备

从样品中切取3 cm^3 左右的肉块，浸入酒精中并立即取出点燃灼烧，如此处理2～3次，从表层下0.1 cm处及深层各剪取0.5 cm^3 大小的肉块，分别进行触片或抹片制作。

（2）染色镜检

将已干燥好的触片用甲醇固定1 min，进行革兰染色后，油镜观察5个视野。同时分别计算每个视野的球菌和杆菌数，然后求出一个视野中细菌的平均数。

（3）鲜度判定

新鲜肉触片印迹着色不良，表层触片中可见到少数的球菌和杆菌；深层触片无菌或偶见个别细菌；触片上看不到分解的肉组织。次新鲜肉触片印迹着色较好，表层触片上平均每个视野可见到20～30个球菌和少数杆菌；深层触片也可见到20个左右的细菌；触片上明显可见到分解的肉组织。变质肉触片印迹着色极浓，表层及深层触片上每个视野均可见到30个以上的细菌，且大都为杆菌；严重腐败的肉几乎找不到球菌，而杆菌可多至每个视野数百个或不可计数；触片上有大量分解的肉组织。

其他微生物检验可根据实验目的而分别进行菌落总数测定、霉菌总数测定、大肠菌群检验及有关致病菌的检验等。

四、肉制品中的微生物及其检验

肉制品的种类很多，一般包括腌腊制品（如腌肉、火腿、腊肉、熏肉、香肠、香肚等）和熟制品（如烧烤、酱卤的熟制品及肉松、肉干等脱水制品）。肉类制品由于加工原料、制作工艺、贮存方法各有差异，因此各种肉制品中的微生物来源与种类也有较大区别。

（一）肉制品中的微生物来源

1. 熟肉制品中的微生物来源

加热不完全，肉块过大或未完全烧煮透时，一些耐热的细菌或细菌的芽孢仍然会存活下来，如嗜热脂肪芽孢杆菌、微球菌属、链球菌属、小杆菌属、乳杆菌属、芽孢杆菌及梭菌属的某些种，还有某些霉菌如丝衣霉菌等。通过操作人员的手、衣物、呼吸道和贮藏肉的不洁用具等使其受到重新污染。通过空气中的尘埃、鼠类及蝇虫等为媒介而污染各种微生物。由于肉类导热性较差，污染于表层的微生物极易生长繁殖，并不断向深层扩散。

2. 灌肠制品中的微生物来源

灌肠制品种类很多，如香肠、肉肠、粉肠、红肠、雪肠、火腿肠及香肚等。此类肉制品原料较多，由于各种原料的产地、贮藏条件及产品质量不同，以及加工工艺的差别，对成品中微生物的污染都会产生一定的影响。绞肉的加工设备、操作工艺，原料肉的新鲜度以及绞肉的贮存条件和时间等，都对灌肠制品产生重要影响。

3. 腌腊肉制品中的微生物来源

常见的腌腊肉制品有咸肉、火腿、腊肉、板鸭、风鸡等。微生物来源于2方面：一个是原料肉的污染；另一个与盐水或盐卤中的微生物数量有关（盐水和盐卤中，微生物大都具有较强的耐盐或嗜盐性，如假单胞菌属、不动杆菌属、盐杆菌属、嗜盐球菌属、黄杆菌属、无色杆菌属、叠球菌属、微球菌属的某些细菌及某些真菌），弧菌和脱盐微球菌是最典型的。许多人类致病菌，如金黄色葡萄球菌、魏氏梭菌和肉毒梭菌可通过盐渍食品引起人们的食物中毒。

腌腊制品的生产工艺、环境卫生状况及工作人员的素质对这类肉制品的污染都具有重要意义。

（二）肉制品中的微生物类群

1. 熟肉制品

常见的有细菌和真菌，细菌如葡萄球菌、微球菌、革兰阴性无芽孢杆菌中的大肠杆菌、变形杆菌，还可见到需氧芽孢杆菌，如枯草杆菌、蜡样芽孢杆菌等；常见的真菌有酵母菌属、毛霉菌属、根霉属及青霉菌属等。

2. 灌肠类制品

耐热性链球菌、革兰阴性杆菌及需氧芽孢杆菌属、梭菌属的某些菌类；某些酵母菌及霉菌。这些菌类可引起灌肠制品变色、发霉或腐败变质，如大多数异型乳酸发酵菌和明串珠菌能使香肠变绿。

3. 腌腊制品

多以耐盐或嗜盐的菌类为主，弧菌是极常见的细菌，也可见到微球菌、异型发酵乳杆菌、明串珠菌等。一些腌腊制品中可见到沙门菌、致病性大肠杆菌、副溶血性弧菌等致病性细菌；一些酵母菌和霉菌也是引起腌腊制品发生腐败、霉变的常见菌类。

（三）肉制品的微生物检验

1. 样品的采集与处理

（1）采集

肉制品一般采样250 g，熟禽一般采整只，放入灭菌容器内，立即送检。熟肉制品（酱卤肉、肴肉）、灌肠类、腌腊制品、肉松等都采集整根、整只，小型可以采集数只，总量不少于 250 g。

（2）处理

直接切取或称取 25 g，检样进行表面消毒（沸水内烫 3 ～ 5 s，或者烧灼消毒），再用无菌剪子剪取深层肌肉 25 g，放入灭菌乳钵内用灭菌剪子剪碎后，加灭菌海砂或者玻璃砂研磨，磨碎后用灭菌水 225 mL 混匀，即为 1 ： 10 稀释液。

（3）棉拭采样法和检样处理

烧烤肉块制品用无菌棉拭子进行 6 面 50 cm^2 取样，即正面擦拭 20cm^2，周围四边各 5cm^2，背面（里面）拭 10cm^2 。

烧烤禽类制品用无菌棉拭子做 5 点 50 cm^2 取样，即在胸腹部各拭 10cm^2，背部拭 20 cm^2，头颈及肛门各 5 cm^2。

一般可用板孔 5cm^2 的金属制规板，压在受检物上，将灭菌棉拭稍蘸湿，在板孔 5 cm^2 的范围内揩抹多次，然后将规板移压另一点；另一支再用无菌棉拭揩抹，如此反复无移压揩抹 10 次，总面积为 50cm^2，每次更换新的无菌棉拭。每支棉拭在揩抹完毕后立即剪断或烧断后投入盛有 50 mL 灭菌水的三角瓶中，立即送检。检验时先摇匀，再吸取瓶中液体作为原液，然后进行 10 倍递增稀释。对于检验致病菌，不必用规板，可疑部位用棉拭揩抹即可。

2. 微生物检验

根据不同肉制品中常见的不同类群微生物，采用国标方法检验菌落总数、大肠菌群、沙门菌、志贺菌、金黄色葡萄球菌。

第二节 乳与乳制品检验

原料乳卫生质量的优劣直接关系到乳与乳制品的质量。原料的卫生质量问题主要是病牛乳（结核病、乳房炎牛的乳）、高酸乳、胎乳、初乳、应用抗生素 5d 内的乳、掺伪乳以及变质乳等。微生物的污染是引起乳与乳制品变质的重要原因。在乳与乳制品加工过程中的各个环节，如灭菌、过滤、浓缩、发酵、干燥、包装等，都可能因为不按操作规程生产加工而造成微生物污染。所以在乳与乳制品的加工过程中，对所有接触到乳与乳制品的容器、设备、管道、工具、包装材料等都要进行彻底的灭菌，防止微生物的污染，以保证产品质量。另外在加工过程中还要防止机械杂质和挥发性物质（如汽油）等的混入和污染。

乳营养丰富，特别适合细菌生长繁殖。乳一旦被微生物污染，在适宜条件下，微生物可迅速增殖，引起乳的腐败变质；乳如果被致病性微生物污染，还可引起食物中毒或其他传染病的传播。微生物的种类不同，可以引起乳的不同的变质现象，了解其中的变化规律，可以更好地控制乳品生产，为人类提供更多更好的乳制品。

乳与乳制品的微生物学检验包括细菌总数测定、大肠菌群测定和鲜乳中病原菌的检验。菌落总数反映鲜乳受微生物污染的程度；大肠菌群说明鲜乳可能被肠道菌污染的情况；乳与乳制品绝不允许检出病原菌。

一、鲜乳中的微生物

乳非常容易受微生物污染而变质，污染乳的微生物可来自乳畜本身及生产加工的各个环节。

（一）鲜乳中微生物的来源

1. 乳房

一般情况下，乳中的微生物主要来源于外界环境，而非乳房内部，但微生物常常污染乳头开口并蔓延至乳腺管及乳池，挤乳时，乳汁将微生物冲洗下来带入鲜乳中，一般情况下最初挤出的乳含菌数比最后挤出的多几倍。

2. 乳畜体表

乳畜体表及乳房上常附着粪屑、垫草、灰尘等，挤乳时不注意操作卫生，这些带有大量微生物的附着物就会落入乳中，造成严重污染，这些微生物多为芽孢杆菌和大肠杆菌。

3. 容器和用具

乳生产中所使用的容器及用具，如乳桶、挤乳机、滤乳布和毛巾等不清洁，是造成污染的重要途径，特别在夏秋季节。

4. 空气

畜舍内飘浮的灰尘中常常含有许多微生物，通常空气中含有细菌 50 ~ 100 个 /L，有些尘土则可达 1000 个 /L 以上，其中多数为芽孢杆菌及球菌，此外也含有大量的霉菌孢子。空气中的尘埃落入乳中即可造成污染。

5. 水源

用于清洗牛乳房、挤乳用具和乳槽所用的水是乳中细菌的一个来源，井、泉、河水可能受到粪便中细菌的污染，也可能受土壤中细菌的污染，主要是一定数量的嗜冷菌。

6. 蝇、蚊等昆虫

蝇、蚊有时会成为最大的污染源，特别是夏秋季节，由于苍蝇常在垃圾或粪便上停留，所以每只苍蝇体表可存在几百万甚至几亿个细菌，其中包括各种致病菌，当其落入乳中时就可把细菌带入乳中造成污染。

7. 饲料及褥草

乳被饲料中的细菌污染，主要是在挤乳前分发干草时，附着在干草上的细菌随同灰尘、草屑等飞散在厩舍的空气中，既污染了牛体，又污染了所有用具，或挤乳时直接落入乳桶，造成乳的污染。此外，往厩舍内搬入褥草时，特别是灰尘多的碎褥草，舍内空气可被大量的细菌所污染，因此成为乳被细菌污染的来源。混有粪便的褥草，往往污染乳牛的皮肤和被毛，从而造成对乳的污染。

8. 工作人员

乳业工作人员，特别是挤乳员的手和服装，常成为乳被细菌污染的来源。

（二）鲜乳中的微生物类群

鲜乳中污染的微生物有细菌、酵母和霉菌等多种类群。但最常见的，而且活动占优势的微生物主要是一些细菌。

（1）能使鲜乳发酵产生乳酸的细菌

这类细菌包括乳酸杆菌和链球菌两大类，约占鲜乳内微生物总数的 80%。

（2）能使鲜乳发酵产生气体的细菌

这类微生物能分解碳水化合物，生成乳酸及其他有机酸，并产生气体（二氧化碳和氢气），能使牛乳凝固，产生多孔气泡，并产生异味和臭味。如大肠菌群、丁酸菌类、丙酸细菌等。

（3）分解鲜乳蛋白而发生胨化的细菌

这类腐败菌能分泌凝乳酶，使乳液中的酪蛋白发生凝固，然后又发生分解，使蛋白质水解胨化，变为可溶性状态。如假单胞菌属、产碱杆菌属、黄杆菌属、微球菌属等。

（4）使鲜乳呈碱性的细菌

主要有粪产碱菌和黏乳产碱菌，这 2 种菌分解柠檬酸盐为碳酸盐，使鲜乳呈碱性。

（5）引起鲜乳变色的细菌

正常鲜乳呈白色或略带黄色，由于某些细菌的作用可使乳呈现不同颜色。

（6）鲜乳中的嗜冷菌和嗜热菌

嗜冷菌主要是一些荧光细菌、霉菌等。嗜热细菌主要是芽孢杆菌属内的某些菌种和一些嗜热性球菌等。

（7）鲜乳中的霉菌和酵母菌

霉菌以酸腐节卵孢霉最为常见，其他还有乳酪节卵孢霉、多主枝孢霉、灰绿青霉、黑含天霉、异念球霉、灰绿曲霉和黑曲霉等。鲜乳中常见酵母为脆壁酵母、洪氏球拟酵母、高加索乳酒球拟酵母、球拟酵母等。

（8）鲜乳中可能存在的病原菌

包括来自乳畜的病原菌，乳畜本身患传染病或乳房炎时，在乳汁中常有病原菌存在；来自工作人员患病或是带菌者，使鲜乳中带有某些病原菌；来自饲料被霉菌污染所产生的有毒代谢产物，如乳畜长期食用含有黄曲霉毒素的饲料。

二、乳制品中的微生物

乳除供鲜食外，还可制成多种制品，乳制品不但具有较长的保存期和便于运输等优点，而且也丰富了人们的生活。常见的乳制品有乳粉、炼乳、酸乳及奶油等。

（一）乳粉中的微生物

乳粉是以鲜乳为原料，经消毒、浓缩、喷雾干燥而制成的粉状产品。可分为全脂乳粉、脱脂乳粉、加糖乳粉等。在乳粉制作过程中，绝大部分微生物被清除或杀死，又因乳粉含水量低，不利于微生物存活，故经密封包装后细菌不会繁殖。因此，乳粉中含菌量不高，也不会有病原菌存在。如果原料乳污染严重，加工不规范，乳粉中含菌量会很高，甚至有病原菌出现。

乳粉在浓缩干燥过程中，外界温度高达 150 ~ 200 ℃，但乳粉颗粒内部温度只有 60 ℃左右，其中会残留一部分耐热菌；喷粉塔用后清扫不彻底，塔内残留的乳粉吸潮后会有细菌生长繁殖，成为污染源；乳粉在包装过程中接触的容器、包装材料等可造成第二次污染；原料乳污染严重是乳粉中含菌量高的主要原因。

乳粉中污染的细菌主要有耐热的芽孢杆菌、微球菌、链球菌、棒状杆菌等。乳粉中可能有病原菌存在，最常见的是沙门菌和金黄色葡萄球菌。

（二）酸乳制品中的微生物

酸乳制品是鲜乳制品经过乳酸菌类发酵而制成的产品，如普通酸乳、嗜酸菌乳、保加利亚酸乳、强化酸乳、加热酸乳、果味酸牛乳、酸乳酒、马乳酒等都是营养丰富的饮料，其中含有大量的乳酸菌、活性乳酸及其他营养成分。

酸乳饮料能刺激胃肠分泌活动，增强胃肠蠕动，调整胃肠道酸碱平衡，抑制肠道内腐败菌群的生长繁殖，维持胃肠道正常微生物区系的稳定，预防和治疗胃肠疾病，减少和防止组织中毒，是良好的保健饮料。

（三）干酪中的微生物

干酪是用皱胃酶或胃蛋白酶将原料乳凝集，再将凝块进行加工、成形和发酵成熟而制成的一种营养价值高、易消化的乳制品。在生产干酪时，由于原料乳品质不良，消化不彻底，或加工方法不当，往往会使干酪污染各种微生物而引起变质。

干酪常见的变质现象如下。

1. 膨胀

这是由于大肠杆菌类等有害微生物利用乳糖发酵产酸产气而使干酪膨胀，并常伴有不良味道和气味。干酪成熟初期发生膨胀现象，常常是由大肠杆菌之类的微生物引起。如在成熟后期发生膨胀，多半是由于某些酵母菌和丁酸菌引起，并有显著的丁酸味和油腻味。

2. 腐败

当干酪盐分不足时，腐败菌即可生长，使干酪表面湿润发黏，甚至整块干酪变成黏液状，并有腐败气味。

3. 苦味

由苦味酵母、液化链球菌、乳房链球菌等微生物强力分解蛋白质后，使干酪产生令人不快的苦味。

4. 色斑

干酪表面出现铁锈样的红色斑点，可能由植物乳杆菌红色变种或短乳杆菌红色变种所引起。黑斑干酪、蓝斑干酪也是由某些细菌和霉菌所引起。

5. 发霉

干酪容易污染霉菌而引起发霉，引起干酪表面颜色变化，产生霉味，还有的可能产生霉菌毒素。

6. 致病菌

乳干酪在制作过程中，受葡萄球菌污染严重时，就能产生肠毒素，这种毒素在干酪中长期存在，食后会引起食物中毒。

三、婴儿乳粉中克罗诺杆菌属（阪崎肠杆菌）的检验

阪崎肠杆菌是存在于自然环境中的一种条件致病菌，已被世界卫生组织和许多国家确定为导致婴幼儿死亡的致病菌之一。

（一）第一法克罗诺杆菌属定性检验

1. 培养基和试剂

①缓冲蛋白胨水（Buffer Peptone Water，BPW）。

②改良月桂基硫酸盐胰蛋白胨肉汤-万古霉素（Modified Lauryl Sulfate Tryptose Broth-Vancomycin Medium，MLST-Vm）。

③阪崎肠杆菌显色培养基。

④胰蛋白腺大豆琼脂（Trypticase Soy Agar，TSA）。

⑤生化鉴定试剂盒。

⑥氧化酶试剂。

⑦ L- 赖氨酸脱羧酶培养基。

⑧ L- 鸟氨酸脱羧酶培养基。

⑨ L- 精氨酸双水解酶培养基。

⑩糖类发酵培养基。

⑪西蒙氏柠檬酸盐培养基。

2. 操作流程

（1）前增菌和增菌

取检样 100 g（或 100 mL 置灭菌锥形瓶中，）加入 900 mL 已预热至 44 ℃的缓冲蛋白腺水，用手缓缓地摇动至充分溶解，（36 ± 1）℃培养（18 ± 2）h。移取 1 mL 转种于 10 mL mLST-Vm 肉汤，（44 ± 0.5）℃培养（24 ± 2）h。

（2）分离

轻轻混匀 mLST-Vm 肉汤培养物，各取增菌培养物 1 杯，分别划线接种于 2 个阪崎肠杆菌显色培养基平板，（36 ± 1）℃培养（24 ± 2）h。挑取至少 5 个可疑菌落，不足 5 个时挑取全部可疑菌落，划线接种于 TSA 平板。（25 ± 1）℃培养（48 ± 4）h。

（3）鉴定

自 TSA 平板上直接挑取黄色可疑菌落，进行生化鉴定。可选择生化鉴定试剂盒或全自动微生物生化鉴定系统。

3. 结果与报告

综合菌落形态和生化特征，报告每 100 g（mL）样品中检出或未检出克罗诺杆菌属。

（二）第二法克罗诺杆菌属的计数

1. 培养基和试剂

同第一法。

2. 操作步骤

（1）样品的稀释

①固体和半固体样品：无菌称取样品 100、10、1 g 各 3 份，分别加入 900、90、9 mL 已预热至 44 ℃的 BPW 中，轻轻振摇使充分溶解，制成 1 ∶ 10 样品匀液，置（36 ± 1）℃培养（18 ± 2）h。分别移取 1 mL 转种于 10 mL mLST-Vm 肉汤，（44 ± 0.5）℃培养（24 ± 2）h。

②液体样品：以无菌吸管分别取样品 100、10、1 mL 各三份，分别加入 900、90、9 mL 已预热至 44 ℃的 BPW 中，轻轻振摇使充分混匀，制成 1 ∶ 10 样品匀液，置（36 ± 1）℃培养（18 ± 2）h。分别移取 1 mL 转种于 l0 mL mLST-Vm 肉汤，（44 ± 0.5）℃培养（24 ± 2）h。

（2）分离、鉴定

同第一法。

3. 结果与报告

综合菌落形态、生化特征，根据证实为克罗诺杆菌属的阳性管数，查 MPN 检索表，报告每 100 g（mL）样品中克罗诺杆菌属的 MPN 值。

四、双歧杆菌的检验

双歧杆菌的最适生长温度为 37 ~ 41 ℃，最低生长温度为 25 ~ 28 ℃，最高生长温度为 43 ~ 45 ℃，初始最适 pH 值为 6.5 ~ 7.0，在 pH 值为 4.5 ~ 5.0 或 pH 值为 8.0 ~ 8.5 的环境下不生长。其细胞呈现多样形态，有短杆较规则形、纤细杆状具有尖细末端、球形、长杆弯曲形、分支或分叉形、棍棒状或匙形。单个或链状、V 形、栅栏状排列或聚集成星状。革兰阳性，不抗酸，不形成芽孢，不运动。双歧杆菌的菌落光滑、凸圆、边缘整齐，乳脂呈白色，闪光并具有柔软的质地。双歧杆菌是人体内的正常生理性细菌，定植于肠道内，是肠道的优势菌群，占婴儿消化道菌丛的 92%。该菌与人体终生相伴，其数量的多少与人体健康密切相关，是目前公认的一类对机体健康有促进作用的代表性有益菌。该菌可以在肠里膜表面形成一个生理性屏障，从而抵御伤寒沙门菌、致泻性大肠杆菌、痢疾志贺菌等病原菌的侵袭，保持机体肠道内正常的微生态平衡；能激活巨噬细胞的活性，增强机体细胞的免疫力；能合成 B 族维生素、烟酸和叶酸等多种维生素；能控制肠内毒素含量和防治便秘，预防贫血和佝偻病；可降低亚硝胺等致癌前体的形成，有防癌和抗癌作用；能拮抗自由基及脂质过氧化，具有抗衰老功能。

（一）培养基和试剂

①双歧杆菌培养基。

② PYG 培养基。

③ MRS 培养基。

④甲醇

分析纯。

⑤三氯甲烷

分析纯。

⑥硫酸

分析纯。

⑦冰乙酸

分析纯。

⑧乳酸

分析纯。

（二）双歧杆菌的鉴定

1. 纯菌菌种

（1）样品处理

半固体或者液体菌种直接接种在双歧杆菌琼脂平板或 MRS 琼脂平板。固体菌种或真空冷冻干燥菌种，可先加适量灭菌生理盐水或其他适宜稀释液，溶解菌粉。

（2）接种

接种于双歧杆菌琼脂平板或 MRS 琼脂平板，（36 ± 1）℃厌氧培养（48 ± 8）h，可延长至（72 ± 2）h。

2. 食品样品

（1）样品处理

取样 25.0g（mL），置于装有 225.0 mL 生理盐水的灭菌锥形瓶或均质袋内，于 8000 ~ 10 000 r/min 均质 1 ~ 2 min，或用拍击式均质器拍打 1 ~ 2 min，制成 1 ∶ 10 的样品匀液。冷冻样品可先使其在 2 ~ 5 ℃条件下解冻，时间不超过 18 h，也可在温度不超过 45 ℃的条件下解冻，时间不超过 15 min。

（2）接种或涂布

将上述样品匀液接种在双歧杆菌琼脂平板或 MRS 琼脂平板，或取 0.1mL 适当稀释度的样品匀液涂布在双歧杆菌琼脂平板或 MRS 琼脂平板。（36 ± 1）℃厌氧培养（48 ± 8）h，可延长至（72 ± 2）h。

（3）纯培养

挑取 3 个以上的单个菌落接种于双歧杆菌琼脂平板或者 MRS 琼脂平板。（36 ± 1）℃厌氧培养（48 ± 8）h，可延长至（72 ± 2）h。

3. 菌种鉴定

（1）涂片镜检

挑取双歧杆菌平板或 MRS 平板上生长的双歧杆菌单个菌落进行染色。双歧杆菌为革兰染色阳性，呈短杆状、纤细杆状或者球形，可形成各种分支或者分叉等多形态，不抗酸，无芽孢，无动力。

（2）生化鉴定

挑取双歧杆菌平板或者 MRS 平板上生长的双歧杆菌单个菌落，进行生化反应检验，过氧化氢酶试验为阴性。可选择生化鉴定试剂盒或者全自动微生物生化鉴定系统。

（三）双歧杆菌的计数

1. 纯菌菌种

（1）固体和半固体样品的制备

以无菌操作称取 2.0g 样品，置于盛有 198.0 mL 稀释液的无菌均质杯内，8000 ~ 10 000 r/min 均质 1 ~ 2 min，或置于盛有 198.0 mL 稀释液的无菌均质袋中，用拍击式均质器拍打 1 ~ 2 min，制成 1 ∶ 100 的样品匀液。

（2）液体样品的制备

以无菌操作量取 1.0 mL 样品，置于 9.0mL 稀释液中，混匀，制成 1 ∶ 10 的样品匀液。

2. 食品样品处理

取样 25.0 g（mL），置于装有 225.0 mL 生理盐水的无菌锥形瓶或均质袋内，于 8000 ~ 10000 r/min 均质 1 ~ 2 min，或者用拍击式均质器拍打 1 ~ 2 min，制成 1 ∶ 10 的样品匀液。冷冻样品可先使其在 2 ~ 5℃条件下解冻，时间不超过 18 h，也可在温度不超过 45 Y 的条件解冻，时间不超过 15 min。

3. 稀释及培养

用 1mL 无菌吸管或微量移液器，制备 10 倍系列稀释样品匀液，于 8000 ~ 10000 r/min 均质 1 ~ 2 min，或用拍击式均质器拍打 1 ~ 2 min。每递增稀释一次，即换用 1 次 1 mL 灭菌吸管或吸头。根据对样品浓度的估计，选择 2 ~ 3 个适宜稀释度的样品匀液，在进行

10 倍递增稀释时，吸取 1.0 mL 样品匀液于无菌平皿内，每个稀释度做 2 个平皿。同时，分别吸取 1.0 mL 空白稀释液加入 2 个无菌平皿内做空白对照。及时将 15 ～ 20 mL 冷却至 46 ℃的双歧杆菌琼脂培养基或 MRS 琼脂培养基［可放置于（46 ± 1）℃恒温水浴箱中保温］倾注平皿，并转动平皿使其混合均匀。从样品稀释到平板倾注要求在 15min 内完成。待琼脂凝固后，将平板翻转，（36 ± 1）℃厌氧培养（48 ± 2）h，可延长至（72 ± 2）h。培养后计数平板上的所有菌落数。

4. 菌落数的报告

（1）菌落数小于 100 cfu 时，按“四舍五入”原则修约，以整数报告。

（2）菌落数大于或等于 100 cfu 时，第 3 位数字采用“四舍五入”原则修约后，取前 2 位数字，后面用 0 代替位数；也可用 10 的指数形式来表示，按“四舍五入”原则修约后，保留 2 位有效数字。

（3）称重取样以 cfu/g 为单位报告，体积取样以 cfu/mL 为单位报告。

（四）结果与报告

根据涂片镜检和生化鉴定结果，报告双歧杆菌属的种名。根据菌落计数结果出具报告，报告单位以 cfu/g（mL）表示。

第三节 蛋与蛋制品检验

鲜蛋利用其自身防护机制可以抵御外界微生物的入侵。从蛋的外部结构来看，鲜蛋外面有 3 层结构，即外层蜡状壳膜、壳、内层壳膜。每一层都在不同程度上有抵御微生物入侵的功能。从鸡蛋内部的成分看，蛋清中含有溶菌酶，这种酶能有效抵制革兰阳性菌的生长；蛋清中还含有抗生素蛋白，能与维生素 H 形成复合物，使得微生物无法利用这一生长所需的维生素。蛋清的 pH 值高（约为 9.3），并含有伴清蛋白，这种蛋白和铁形成复合物，使其不能被微生物所利用；但另一方面，鲜蛋黄的营养成分和 pH 值又为绝大多数微生物提供了良好的生长条件。

鲜蛋通常是无菌的，但是，鲜蛋也很容易受到微生物的污染，这主要是由 2 方面原因造成的。一方面是来自家禽本身，在形成蛋壳之前，排泄腔内细菌向上污染至输卵管，可导致蛋的污染；另一方面来自外界的污染。蛋从禽体排出时温度接近禽的体温，若外界温度低，则蛋内部收缩，周围环境中的微生物即随空气穿过蛋壳而进入蛋内，蛋壳外黏膜易被破坏，失去屏障作用。蛋壳上有 7000 ~ 17 000 个 4 ~ 40 μm 的气孔，外界的各种微生物可从气孔进入蛋内，尤其是贮存期长的蛋或洗涤过的蛋，微生物更易于侵入。蛋壳表面上的微生物很多，整个蛋壳表面有 4×10^6 ~ 5×10^6 个细菌，污染严重的蛋，表面的细菌数量更高，可达数亿个，蛋壳损伤易造成蛋的微生物污染。

在条件适宜的情况下，一些微生物就可进入蛋内生长并导致蛋的腐败。细菌进入蛋内的速度与贮存时间、蛋龄及污染程度有关。使用 CO_2 气体制冷的冷却方法能迅速降低蛋的温度，从而使其内部细菌数量更少，即使 7 ℃下保存 30 d 也不会引起明显的质量变化。

高湿度有利于微生物进入鸡蛋，也有利于鸡蛋表面微生物的生长，继而进入蛋壳和内膜。内膜是阻止细菌侵入鸡蛋最重要的屏障，其次是壳和外膜。污染蛋的蛋黄中的细菌要比蛋清中的多，蛋清中微生物数量相对较少的原因可能是蛋清中含有抗生素类物质。另外，经贮藏后，卵白厚层将水分传至卵黄，导致淡化变稀和卵白厚层萎缩。这种现象使得蛋黄可直接接触蛋壳内膜，从而造成与微生物的直接接触。微生物一旦进入蛋黄，细菌在这种营养介质中良好地生长，代谢分解蛋白质和氨基酸，产生硫化氢和其他异臭化合物，这些菌的生长会引起蛋黄变黏和变色。因为霉菌是需氧菌，故一般先在气室区域繁殖生长。在湿度较高的情况下，在鸡蛋表层可看到有霉菌生长，在温度和湿度都较低的情况下，虽然鸡蛋表面霉菌生长的现象可以减少，但鸡蛋会以较快速度脱水，这对产品的销售是不利的。另外，鸡蛋蛋清中还含有卵运铁蛋白和卵黄素蛋白。卵运铁蛋白能与金属离子，尤其是 Fe^{3+} 螯合，卵黄素蛋白结合核黄素。在正常的 pH 值为 9.0 ~ 10.0 及温度分别为 30 ℃和 39.5℃的环境下，蛋清能杀灭革兰阳性菌和酵母菌，Fe^{3+} 的加入会降低蛋清的抗菌特性。

鸡蛋中存在的菌主要为下列属细菌：假单胞菌、不动细菌、变形杆菌、气单胞菌、产碱杆菌、埃希杆菌、微球菌、沙门菌、赛氏杆菌、肠细菌、黄杆菌属和葡萄球菌。常见的霉菌有毛霉、青霉、单胞枝霉等。球拟酵母是唯一能检出的酵母。

一、鲜蛋的腐败变质

（一）腐败

腐败是由细菌引起的鲜蛋变质。侵入到蛋中的细菌，不断地生长繁殖，并形成各种相适应的酶，然后分解蛋内的各组成成分，使蛋发生腐败和产生难闻的气味。蛋白腐败初期，从局部开始，呈现淡绿色，这种腐败是由于假单胞菌，特别是荧光假单胞菌引起的。随后逐渐扩大到全部蛋白，其颜色随之变为灰绿色至淡黄色。此时，韧带断裂，蛋黄不能固定而发生移位，细菌侵入蛋白，使蛋黄膜破裂，蛋黄流出与蛋白混合成浑浊的液体，习惯上称为散蛋黄。如果进一步腐败，蛋黄成分中的核蛋白和卵磷脂也被分解，产生恶臭的硫化氢等气体和其他有机物，整个内含物变为灰色或暗黑色。这种腐败主要由变形杆菌、某些假单胞菌和气单胞菌引起。这种蛋在光照时不透光线，通过气孔还发出恶臭气味。如果蛋内气体积累过多，蛋壳会发生爆裂，流出含有大量腐败菌的液体，有时蛋液变质产生酸臭味而呈红色，这种腐败主要是由假单胞菌或沙雷菌引起的。

（二）霉变

霉变主要由霉菌引起。霉菌菌丝通过蛋壳气孔进入蛋内，一般在蛋壳内壁和蛋白膜上生长繁殖，靠近气室部分，因有较多氧气，所以繁殖最快，形成大小不同的深色斑点，斑点处有蛋液黏着，称为黏蛋壳。不同霉菌产生的斑点不同，如青霉产生蓝绿色，枝孢霉产生黑斑、在环境湿度比较大的情况下，有利于霉菌的蔓延生长，造成整个蛋内外生霉，蛋内成分分解，并有不良霉味产生。

有些细菌也可引起蛋的霉臭味，如浓味假单胞菌和一些变形杆菌属的细菌，其中以前者引起的霉臭味最为典型。当蛋的贮藏期较长后，蛋白逐渐失水，水分向蛋黄内转移，从而造成蛋黄直接与蛋壳内膜接触，使细菌更容易进入蛋黄内，导致这些细菌快速生长，产生一些蛋白质和氨基酸代谢的副产物，形成类似于蛋霉变的霉臭味。

鲜蛋在低温贮藏的条件下，有时也会出现腐败变质现象。这是由于某些嗜冷性微生物如假单胞菌、枝孢霉、青霉等在低温下仍能生长繁殖而造成的。

二、蛋与蛋制品的检验

（一）样品的采集

1. 蛋、糟蛋和皮蛋

用流水冲洗鲜蛋外壳，再用75%酒精棉球涂擦消毒后放入灭菌袋内，加封做好标记后送检。

2. 巴氏杀菌全蛋粉、蛋黄粉、蛋白片

将包装铁箱上开口处用75%酒精棉球消毒，然后将盖开启，用灭菌的金属制双层旋转式套管采样器斜角插入箱底，使套管旋转收取检样，再将采样器提出箱外，用灭菌小匙自上、中、下部收取检样，装入灭菌广口瓶中，每个检样质量不少于100 g，标记后送检。

3. 巴氏杀菌冰全蛋、冰蛋黄、冰蛋白

将包装铁听开口处用75%酒精棉球消毒，然后将盖开启，用灭菌电钻由顶到底斜角钻入，慢慢钻取样品，然后抽出电钻，从中取出检样250 g装入灭菌广口瓶中，标记后送检。

4. 对成批产品进行质量鉴定时的采样数量

巴氏杀菌全蛋粉、蛋黄粉、蛋白片等产品以 1 日或 1 班产量为 1 批。检验沙门菌时，按每批总量的 5% 抽样，但每批最少不得少于 3 个检样。测定菌落总数和大肠菌群时，每批按装罐过程前、中、后取样 3 次，每次取样 100 g，每批合为一个检样。

巴氏杀菌冰全蛋、冰蛋黄、冰蛋白等产品批号在装听时流动取样。检验沙门菌时，冰蛋黄及冰蛋白按 250 kg 取样 1 件，巴氏消毒冰全蛋按每 500 kg 取样 1 件。菌落总数测定和大肠菌群测定时，在每批装听过程前、中、后取样 3 次，每次取样 100 g 合为一个检样。

（二）样品的处理

1. 鲜蛋、糟蛋、皮蛋外壳

用灭菌生理盐水浸湿的棉拭充分擦拭蛋壳，然后将棉拭直接放入培养基内增菌培养，也可将整个蛋放入灭菌小烧杯或平皿中，按检样要求加入定量灭菌生理盐水或液体培养基，用灭菌棉拭将蛋壳表面充分擦洗后，用擦洗液为检样。

2. 鲜蛋蛋液

将鲜蛋在流水下洗净，待干后再用 75% 酒精棉球消毒蛋壳，然后根据检验要求，打开蛋壳取出蛋白、蛋黄或全蛋液，放入带有玻璃珠的灭菌瓶内，充分摇匀检样。

3. 巴氏杀菌全蛋粉、蛋黄粉、蛋白片

将检样放入带有玻璃珠的灭菌瓶内，按比例加入灭菌生理盐水，充分摇匀待检。

4. 巴氏杀菌冰全蛋、冰蛋黄、冰蛋白

将装有冰蛋检样的瓶子浸泡于流动冰水中，待检样融化后取出，放入带有玻璃珠的灭菌瓶中，充分摇匀待检。

5. 各种蛋制品沙门菌增菌培养

以无菌操作称取检样，接种于亚硒酸盐煌绿或煌绿肉汤等增菌培养基中（此培养基预先置于有适量玻璃珠的灭菌瓶内），盖紧瓶盖，充分摇匀，然后放入（36 ± 1）℃恒温箱中，培养（20 ± 2）h。

6. 接种以上各种蛋与蛋制品的数量及培养基的数量和成分

用亚硒酸盐煌绿增菌培养时，各种蛋和蛋制品的检样接种量为 30 g，培养基数量都为 150 mL。

（三）检验

根据不同蛋制品中常见的不同类群微生物，采用国家标准方法检验菌落总数、大肠菌群、沙门菌、志贺菌。

第四节 水产食品检验

水产食品是以水产为主要原料加工的食品。水产品中的鱼贝类，正常情况下其组织内部是无菌的。但是鱼类的体表和鳃部直接和水接触，体表分泌一种含糖蛋白的黏液质，成为细菌良好的培养基。因此，在与外界接触的皮肤黏膜、鳃、消化道等部位，有各种微生物的存在。

水产品中的微生物主要为水体中的微生物，以及在捕获、贮藏、加工过程中污染的微生物。水体中的微生物大部分为革兰阴性的无芽孢杆菌。

淡水鱼类附着的微生物包括淡水中正常的细菌，如假单胞菌、节细菌、黏杆菌、噬胞菌、不动杆菌、气单胞菌、链球菌、克式杆菌和芽孢杆菌等。

海水鱼类附着的微生物主要是一些具有活动能力的杆菌和各种弧菌，如假单胞菌属、弧菌属、黄杆菌属、无色杆菌属、不动杆菌属、芽孢杆菌属以及无芽孢杆菌属的细菌等。

一、水产品中的微生物污染

水产品的微生物污染可分为渔获前的污染（原发性污染）和捕获后的污染（继发性污染）。

（一）渔获前的污染

渔获前污染的微生物有引起腐败变质的细菌和真菌，如假单胞菌、无色杆菌、黄杆菌等，以及水霉属、绵霉属、私囊霉属等；也有能引起人致病的细菌和病毒，如沙门菌、致病性弧菌以及甲型肝炎病毒、诺如病毒等。

（二）捕获后的污染

主要是指从捕获后到销售过程所遭受的微生物污染。运入销售市场或加工厂，受到人手、容器、市场环境或工厂环境等的污染，受到污染的微生物大部分为腐败微生物，以细菌为主，其次为霉菌和酵母，主要引起水产品的腐败变质。另外还会污染能引起人食物中毒的细菌，如沙门菌、葡萄球菌、大肠杆菌等。

二、水产品中的细菌腐败

水产品在微生物的作用下，蛋白质、氨基酸及含氮物质被分解为氨、三甲胺、吲哚、硫化氢、组胺等低级产物，使水产品产生具有腐败特征的臭味。

（一）新鲜水产品的腐败

新鲜鱼的腐败主要表现在鱼的体表、眼球、鳃、腹部、肌肉、组织状态及气味等方面的变化。鱼体死后的细菌繁殖，从一开始就与死后的生化变化、僵硬、解僵等同时进行。当鱼体进入解僵和自溶阶段，随着细菌繁殖数量的增多，各种腐败变质的现象逐步出现。

（二）水产制品的腐败

1. 冷冻水产品的腐败

水产品在冷冻时，一般微生物不能生长，不发生腐败。但是在冷冻时，一些耐低温的腐败细菌并未死亡。当解冻后，又开始生长繁殖，引起水产品的腐败。冷冻鱼的腐败细菌，以假单胞菌Ⅲ /Ⅳ-H 型、摩氏杆菌、假单胞菌Ⅰ型和假单胞菌Ⅱ型为主。

2. 水产干燥和烟熏制品的腐败

水产品经过干燥、腌制和烟熏得到的制品的共同特点是降低制品中的水分活度而抑制微生物的生长达到保藏的目的，但是由于吸湿或者盐度和水分还不能完全抑制微生物的生长，常出现腐败变质的现象。

3. 鱼糜制品的腐败

鱼糜制品是鱼肉经擂溃，加入调味料，经煮熟、蒸熟、焙烤而成，如鱼丸、鱼肠等。鱼糜制品通过加热杀死绝大多数细菌，但还残存耐热细菌，此外可能由于包装不良或者贮存不当而遭受微生物污染，引发腐败。

三、水产食品的检验

（一）样品的采集

现场采取水产食品样品时，应按检验目的和水产品的种类确定采样量。除个别大型鱼类和海兽只能割取其局部作为样品外，一般都采取完整的个体，待检验时再按要求在一定部位采取检样。在以判断质量鲜度为目的时，鱼类和体形较大的贝甲类虽然应以一个个体为一件样品，单独采取一个检样，但当对一批水产品做质量判断时，仍须采取多个个体做多件检验以反映全面质量。一般小型鱼类和对虾、小蟹，因个体过小，在检验时只能混合采取检样，在采样时须采数量更多的个体；鱼糜制品（如灌肠、鱼丸等）和熟制品采样250g，放入灭菌容器内。水产食品含水较多，体内酶的活力也较旺盛，易于变质。因此在采好样品后应在最短时间内送检，在送检过程中一般都应加冰保藏。

（二）检样的处理

1. 鱼类

鱼类采取检样的部位为背肌。先用流水将鱼体体表冲净，去鳞，再用75%酒精棉球擦净鱼背，待干后用灭菌刀在鱼背部沿脊椎切开5 cm，再切开两端使两块背肌分别向两侧翻开，然后用灭菌剪子剪取25 g鱼肉，放入灭菌乳钵内，用灭菌剪子剪碎，加灭菌海砂或玻璃砂研磨（有条件情况下可用均质器），检样磨碎后加入225 mL灭菌生理盐水，混匀成稀释液。在剪取肉样时要仔细操作，勿触破及粘上鱼皮。鱼糜制品和熟制品则放乳钵内进一步捣碎后，再加生理盐水混匀成稀释液。

2. 虾类

虾类采取检样的部位为腹节内的肌肉。将虾体在流水下冲净，摘去头胸节，用灭菌剪子剪除腹节与头胸节连接处的肌肉，然后挤出腹节内的肌肉，取25g放入灭菌乳钵内，以后操作同鱼类检样处理。

3. 蟹类

蟹类采取检样的部位为胸部肌肉。将蟹体在流水下冲净，剥去壳盖和腹脐，去除鳃条，再置流水下冲净。用75%酒精棉球擦拭前后外壁，置灭菌搪瓷盘上待干，然后用灭菌剪子剪开成左右两片，再用双手将一片蟹体的胸部肌肉挤出（用手指从足根一端向剪开的一端挤压），称取25 g，置灭菌乳钵内。以后操作同鱼类检样处理。

4. 贝壳类

缝中徐徐切入，撬开壳盖，再用灭菌镊子取出整个内容物，称取25 g置灭菌乳钵内，以后操作同鱼类检样处理。

（三）检验方法

根据不同水产食品中常见的不同类群微生物，采用国标方法检验菌落总数、大肠菌群、沙门菌、志贺菌、副溶血性弧菌、金黄色葡萄球菌、霉菌和酵母计数。

水产食品兼有海洋细菌和陆上细菌的污染，检验时细菌培养温度一般30 ℃，以上采样方法和检验部位均以检验水产食品肌肉内细菌含量从而判断其鲜度质量为目的，如须检验水产食品是否带有某种致病菌时，其检验部位应采胃肠消化道和鳃等呼吸器官，鱼类检样取肠管和鳃；虾类检样取头脑节内的内脏和腹节外沿处的肠管；蟹类检样取胃和鳃条；贝类中的螺类检样取腹足肌肉以下的部分；贝类中的双壳类检样取覆盖在斧足肌肉外层的内脏和瓣鳃。

第五节　饮料与调味品检测

一、饮料检验

液体饮料一般用果汁、蔗糖等原料制成。该类食品在制作过程中由于原料、设备及容器消毒不彻底，常常造成各种微生物的污染和繁殖，有可能造成食物中毒及肠道疾病的传播。

饮料中的微生物主要来自 2 个方面，外部影响主要是加工的环境，如墙壁、地面、设备是否符合卫生标准。内部原因主要是原料和包装，原料中的水、糖、气体、果汁和其他添加剂的卫生状况，及包装用容器、箱袋等都可能是微生物滋生的培养基。

（一）样品的采集

①果蔬汁饮料、碳酸饮料、茶饮料、固体饮料取原瓶、袋和盒装的样品。

②冷冻饮品采取原包装样品。

③样品采集后，应立即送检，否则冰箱保存。

（二）样品的处理

瓶装饮料用点燃的酒精棉球烧灼瓶口灭菌，用石炭酸纱布盖好，塑料瓶口可用 75% 酒精棉球擦拭灭菌，用灭菌开瓶器将盖启开，含有二氧化碳的饮料可倒入另一个灭菌容器内，口勿盖紧，覆盖一灭菌纱布，轻轻摇荡，待气体全部逸出后，再进行检验。

（三）检验方法

根据常见的微生物，采用国家标准的方法检验菌落总数、大肠菌群、沙门菌、志贺菌、金黄色葡萄球菌、霉菌和酵母计数。

二、调味品检验

调味品包括酱油、酱类和醋等以豆、谷类为原料发酵而成的食品。由于原料的污染及加工制作、运输中不注意卫生，使调味品污染上肠道细菌、需氧和厌氧芽孢杆菌。在对调味品进行卫生微生物学检验时，应按各品种性状合理采样和处理检样。

（一）样品的采集

样品送到后立即检验或放置冰箱暂存。

（二）检样的处理

1. 瓶装样品

用点燃的酒精棉球烧灼瓶口灭菌，用石炭酸纱布盖好，再用灭菌开瓶器将盖启开，袋装样品用 75% 酒精棉球消毒袋口后进行检验。

2. 酱类

以无菌操作称取 25 g，放入灭菌容器内，加入 225 mL 蒸馏水；吸取酱油 25 mL，加入 225 mL 灭菌蒸馏水，制成混悬液。

3. 食醋用 200 ～ 300 g/L 灭菌碳酸钠溶液调酸碱度至中性。

三、检验方法

根据常见的微生物，采用国家标准的方法检验菌落总数、大肠菌群、沙门菌、志贺菌、副溶血性弧菌、金黄色葡萄球菌。

第六节 冷食菜、豆制品检测

冷食菜多为蔬菜和熟肉制品不经加热而制成的凉拌菜。该类食品由于原料、半成品、炊事用具及操作人员的手等消毒不彻底，造成细菌的污染。豆制品是以大豆为原料制成的含有大量蛋白质的食品，该类食品大多由于加工后，在盛具、运输及售卖等环节不注意卫生，污染了存在于空气、土壤中的细菌。上述 2 种食品如果不加强卫生管理，极易造成食物中毒及肠道疾病的传播。

一、样品的采集

（一）采样事项

采样时应注意样品代表性，采取接触盛器边缘、底部及上面不同部位的样品，放入灭菌容器内，样品送往化验室应立即检验或放置冰箱暂存，不得加入任何防腐剂，定型包装样品则随机采取。

（二）采样数量

按照《食品安全国家标准食品微生物学检验总则》执行。

二、检样的处理

以无菌操作称取 25 g、放入 225 mL 灭菌蒸馏水，用均质器打碎 1 min，制成混悬液，定型包装样品，先用 75 % 酒精棉球消毒包装袋口，用灭菌剪刀剪开后以无菌操作称取 25 g 检样，放入 225 mL 无菌蒸馏水，用均质器打碎 1min，制成混悬液。

三、检验方法

根据常见的微生物，采用国家标准方法检验菌落总数、大肠菌群、沙门菌、志贺菌、金黄色葡萄球菌。

第七节　糖果、糕点、蜜饯检测

糖果、糕点、果脯等类食品大多是由糖、牛乳、鸡蛋、水果为原料而制成的甜食。部分食品有包装纸，污染机会较少，但由于包装纸、包装盒等不清洁，或者没有包装的食品放入不清洁的容器内都可能造成污染。带馅的糕点往往因加热不彻底、存放时间长或者温度过高使微生物大量繁殖；带有奶花的糕点，当存放时间过长时，细菌可大量繁殖，造成食品变质。因此，对这类食品进行微生物检验是必要的。在进行微生物卫生检验时，应按照各品种性状合理采样和处理检样。

一、样品的采集

糕点（饼干）、面包、蜜饯可用灭菌镊子夹取不同部位样品，放入灭菌容器内，糖果采取包装样品，采取后立即送检。

二、检样的处理

（一）糕点（饼干）、面包

如为原包装，用灭菌镊子夹下包装纸，采取外部及中心部位，如为带馅糕点，取外皮及内馅 25 g，如为裱花糕点，采取裱花及糕点部分各一半共 25 g，加入 225 mL 灭菌生理盐水中，制成混悬液。

（二）蜜饯

采取不同部位，称取 25 g 检样，加入灭菌生理盐水 225 mL，制成混悬液。

（三）糖果

用灭菌镊子夹去包装纸，共称取 25g，加入预温至 45℃的灭菌生理盐水 225 mL，等溶化后检验。

三、检验方法

根据常见的微生物，采用国家标准的方法检验菌落总数、大肠菌群、沙门菌、志贺菌、金黄色葡萄球菌、霉菌和酵母。

第八节 酒类检测

酒类一般不进行微生物检验，进行检验的主要是酒精度低的发酵酒，包括发酵酒中的啤酒、果酒、黄酒、葡萄酒，因酒精度低，不能抑制细菌生长。污染主要来自原料或者加工过程中不注意卫生操作而污染水、土壤及空气中的细菌，尤其是散装生啤酒，因不加热往往存在大量细菌。

一、样品的采集

按照《食品安全国家标准食品微生物学检验总则》执行。

二、检样的处理

用点燃的酒精棉球烧灼瓶口灭菌，用石炭酸纱布盖好，再用灭菌开瓶器将盖启开，含有二氧化碳的酒类可倒入另一个灭菌容器内，口勿盖紧，覆盖一个灭菌纱布，轻轻摇荡，待气体全部逸出后，进行检验。

三、检验方法

根据常见的微生物，采用国家标准的方法检验菌落总数、大肠菌群、沙门菌、志贺菌、金黄色葡萄球菌。

第六章 食品的质量控制

第一节 质量控制基础

质量控制是为达到质量要求所采取的作业技术和活动。“作业技术”包括专业技术和管理技术，也是质量控制的主要手段和方法的总称。“活动”是运用作业技术开展的有计划、有组织的质量职能活动。

质量控制是以技术为基础，保证质量是核心任务，其目的在于监视过程并排除质量环节所有阶段中导致不满意的原因，以取得最大经济效益，对于食品质量控制的目的还涵盖了经营者对人类健康和社会的一份基本责任。

在食品的加工和流通过程中，产品标准和生产工艺的设计一旦完成，就必须对整个食品生产过程进行全程控制。控制并不仅仅是监督的作用，还包括当操作不符合要求时应该及时采取的纠正措施。质量控制的主要目的是将生产出的产品质量控制在允许误差范围之内，最终达到产品的标准要求。因此，有必要深入了解引起不同食品质量波动的原因，作为管理者和生产经营者首先必须对食品生产的工艺和理论有所掌握。因此，实施食品质量控制的最终目的是提高和稳定食品质量。如果生产过程不稳定或者质量波动较大，食品的质量就难以得到保证和提高。质量控制可以认为是食品生产全过程中保证食品生产质量的主要过程。质量控制是评估生产结果以及必要时采取纠正措施的连续性过程。一般认为质量控制是质量管理系统中的一部分，致力于操作技术和过程的实施，以达到产品最终质量要求，即在满足相关法律条款要求的同时满足由设计人员制定的标准规定的要求。因此，关于食品质量的控制，主要讨论的是在加工和流通动态过程中对质量的控制。

食品质量控制，必须采取控制措施的组合，也要结合管理才能将质量控制做到位。一方面，食品质量控制措施的组合，既包括针对卫生和生产环境的控制（前提方案与操作性前提方案），又包括对食品安全危害的控制（HACCP 计划），还涉及生产工艺过程的技术控制，保证食品具备色、香、味、形等食品感官质量。另一方面，食品质量管理，既包括对质量控制过程的管理，又包括对食品质量管理体系的管理。而在食品质量管理体系中，对人员的管理，不但有制度，而且应该纳入柔性管理的方法，如人文关怀、个人素养培训、压力疏导、企业文化建设等。总之，有对原料和成品的管理、对过程的管理、对体系的管理。

食品链中质量控制过程和所有的控制系统有相同的特点，都包括以下几部分：①测量或监测；②在误差范围内比较实际结果和目标值（如规范、标准、目标和规格等）；③必要的纠正措施。此过程又可总称为“控制周期”，大致可以分为 7 个步骤。

①选择控制对象。

②选择需要监测的质量特性值。

③确定规格标准，详细说明质量特性。

④选定能准确测量该特性值或对应过程参数的监测仪表，或自制测试手段。

⑤进行实际测试并做好数据记录。

⑥分析实际与规格之间存在差异的原因。

⑦采取相应的纠正措施。

当采取相应的纠正措施后，仍然要对过程进行监测，将过程保持在新的控制水准上。一旦出现新的影响因子，还需要测量数据分析原因进行纠正，因此这 7 个步骤形成了一个封闭式流程，称为“控制周期”。在上述 7 个步骤中，最关键的有 2 点：质量控制措施的组合和质量控制过程的管理，贯穿“控制周期”的始终。

任何企业间的竞争都离不开“产品质量”的竞争，产品质量是企业在市场竞争中生存和发展的基础。而产品质量作为最难控制和最容易发生的问题，往往让生产经营企业苦不堪言，轻则退货赔钱，重则客户流失，关门大吉。因此，如何有效进行质量控制是确保产品质量和提升产品质量，促使企业发展、赢得市场和获得利润的关键。

一、质量控制原理

（一）控制的定义和分类

1. 控制的定义

在管理学中，控制是对员工的活动进行监督，以判定组织是否正朝着既定的目标健康地向前发展，并在必要的时候及时采取纠正措施，以便实时纠正错误，并防止重犯的管理行为。

2. 控制的分类

在实际管理过程中，按照不同的标准，控制可分成多种类型。

（1）按照业务范围

控制分为生产控制、质量控制、成本控制和资金控制等。

（2）按照控制对象的全面性

控制分为局部控制和全面控制。

（3）按照控制过程中所处的位置

控制分为事前控制、事中控制和事后控制。事前控制指在行动之前对可能发生的情况进行预测并提前做好准备的控制形式，是组织在一项活动正式开始之前所进行的管理上的努力。它主要是对活动最终产出的确定和对资源投入的控制，其重点是防止组织所使用的资源在质和量上产生偏差。事中控制，属于过程控制或现场控制，即在执行计划的活动过程中，管理者在现场对正在进行的活动始终给予指导和监督，以保证活动按规定的政策、程序和方法进行。事后控制发生在行动或任务结束之后，经过与目标对照，查找偏差并实施矫正的控制行为。这是历史最悠久的控制类型，传统的控制方法几乎都属于此类。

（4）按照控制目的

控制可分为预防性控制和纠正性控制。预防性控制是为了避免产生错误和尽量减少之后的纠正活动，防止资金、时间和其他资源的浪费而采取的控制措施；纠正性控制常常是由于管理者没有预见到问题，在出现偏差时所采取的控制措施，使行为或活动返回到事先确定的或所希望的水平。

（5）按照实施控制的时间

控制可分为反馈控制与前馈控制。反馈控制指从组织活动进行过程中的信息反馈中发现偏差，通过分析原因，采取相应的措施纠正偏差。前馈控制又称指导将来的控制，即通过对情况的观察、规律的掌握、信息的分析和趋势的预测，预计未来可能发生的问题，在其未发生前就采取措施加以防止。因此，前馈控制就是预防性的事前控制。

上述各种不同类型的控制都有其不同的特点、功能与适应性。

（二）质量控制的定义

质量控制是质量管理的一部分，致力于满足质量要求。所谓质量要求，通常是顾客、法律、法规、标准等方面所提出的质量要求，如食品的安全、营养与口感等方面的要求。具体而言，质量控制就是为达到规定的质量要求，在质量形成的全过程中，针对每一个环节所进行的一系列专业技术作业过程和质量管理过程的控制。对硬件类产品来说，专业技术过程是指产品实现所需要的设计、工艺、制造、检验等；质量管理过程是指管理职责、资源、测量分析、改进以及各种评审活动等。对服务类产品来说，专业技术作业过程是指具体的服务过程。

质量控制应贯穿于产品形成和体系运行的全过程，应确保质量过程和活动始终处于完全受控状态。为此，事先须制订质量控制计划，对受控状态做出安排，然后在实施中进行监视和测量，一旦发现问题就及时采取相应措施，恢复受控状态，消除引发问题的原因以防再次偏离受控状态。因此，质量控制的基础是过程控制，无论制造过程还是管理过程，都需要严格遵守操作程序和规范。控制好每个过程，特别是关键过程，是达到质量要求的保障。

（三）食品质量控制的原理

食品链的每个环节中都存在着能直接或间接影响食品质量的因素，因此，食品质量的控制必须以食品链为基础，关注每一个环节以及影响各环节控制过程的人、工具和机器、材料、工艺方法、环境、测量手段等等，以实现食品产品的标准化生产，并确保食品符合标准的要求。根据现代质量管理学理论，食品质量控制的原理至少应包括下述内容。

1. 风险思维

基于风险的思维使组织能够在食品生产过程中进行预防和控制，在食品质量失控事件发生之前就采取有针对性的预防控制措施可消除潜在风险，有效预防或降低不利事件的影响。

2. 过程控制

食品质量控制须采取 P（策划）D（实施）C（检查）A（处置）循环，即过程方法。所有的控制措施首先应有科学的策划（P），其次应在策划的基础上实施（D），然后应对实施过程及其结果进行监测以保证控制措施按照策划的要求实施且有效（C），最后应对控制过程中发现的问题进行纠正，对控制措施进行改进（A）。食品质量控制的管理过程就是 PDCA 的不断循环过程。

3. 相互沟通

食品质量控制需要实时进行有效的外部沟通和内部沟通。外部沟通指整个食品链中各组织间的沟通，如食品加工者，上游是初级食品生产者，下游是批发商。那么食品加工者就需要与初级食品生产者沟通，在初级食品生产过程中可能含有的食品质量问题是什么，在初级加工过程中已经将相关质量危害降低到什么程度，加工组织还需要采取哪些措施等；又如对于批发商，需要告知加工产品的保存方法、食用要求，以免产生食品质量问题。外部沟通，还包括组织与政府相关主管部门之间的沟通，以及时获得食品行业相关资讯。

内部沟通指组织的所有相关部门、人员之间就食品质量影响因素而建立的沟通管理，如质量管理人员将食品原料质量、食品生产现场监测结果与仓库、生产等部门的沟通。

4. 全员参与

所有员工都是组织之本，只有他们的充分参与，才能真正发挥他们的才干；食品质量是所有相关人员共同努力的结果，无论管理者，还是执行者，都需要为食品质量做出贡献，以保证生产出高质量的食品。

5. 持续改进

持续改进是组织的永恒目标。在食品质量控制与管理过程中，通过不断的 PDCA 循环，最终实现食品质量的持续改进。

6. 体系管理

将组织中与食品质量控制与管理相关的各个过程及其组合和相互作用作为系统加以识别，并按照食品质量管理体系的要求进行系统控制和管理，将有助于实现食品质量目标。

二、食品质量的波动

质量波动是食品的一个典型特征，因为食品中包含生物元素，尤其是那些直接将初级产品（如水果、蔬菜、牛乳、肉等）提供至食品加工厂的原材料显示出相当大的质量波动。食谱以及加工条件的现代化使标准化得到部分实现。但是，例如新鲜水果和蔬菜，质量波动存在于整个生产链，包括消费的过程，因此原材料和产品的实际性能存在着相当大的不确定性，在食品制造过程中通过一定的控制手段能够部分降低这种不确定性。因此，质量控制也被视作达到食品品质要求的重要过程。

质量波动的来源可分为“一般”和“特殊”2 种，现在也有人将这种波动对应地称为“正常波动”和“异常波动”。生产过程或系统的波动由不同的来源引起，包括人、材料、机器、工具、方法、测量手段及环境。波动的一般来源是产品、生产过程或系统所固有的，并且包括多个单独来源因素的协同作用。波动的一般来源通常占已知波动来源的 80% ~ 90%，通常可以通过组织改善来减小一般来源的波动，例如可以通过教育来提高人（操作者）的质量意识、技术水平及熟练程度，同时包括对材料、机器、工具、方法、测量手段和环境的改善等达到目的。波动的特殊来源，指并非产品、生产过程或系统所固有的，通常占已知波动来源的 10% ~ 20%，如材料供应商偶尔提供的一批劣质原料，设备故障，操作人员违反工艺规范，没有正确校正的测量工具等。波动的特殊来源可以通过控制图表进行测量。这类数据误差异常大，如果生产中出现这种状态，我们称它为不正常状态。在一般情况下，特殊（异常）波动是质量管理和控制中不允许的波动。

从质量控制的角度来看，通常又把以上造成质量波动的因素对应归纳为系统性原因和偶然性原因两类。

生产过程或系统的波动可能来源于不同方面，如材料、环境、方法、测量手段、机器、设备、工具和人等。对于质量控制而言，了解这些波动的来源是非常重要的。在对食品加工的质量控制方面，许多典型的波动是由技术性变量的波动而引起的。同时根据造成波动的原因，把波动划分为两大类：一类是正常（自然）波动；另一类是异常波动。

第一，食品生产过程中，主要原辅料质量的波动是一个重要的因素。概括起来波动的原因可能有以下几个方面。①食品加工的主要原料为动植物原料，由于自然生长条件、饲养条件和采收季节等方面的不同，而造成的波动称为自然波动。由自然波动引起的质量指标波动一般会达到 10%，甚至 30%。②由于采收、运输、破碎或其他处理加工，后会带来许多不良生理生化和化学反应，而使得原料的质量在进入生产时产生较大的波动。③不同批次的原材料质量通常是不一致的，这就使得质量控制变得更加复杂。例如批次的不同、果品原料成熟度的差异，均会大大影响到果品的香气。成熟度不够香味不足，成熟度太高进入后熟期的原料又会腐烂，滋生大量的腐败菌和病原微生物，而在饮料、罐头等高水分活度食品加工过程中，原料中原始菌浓度的高低又会影响到成品杀菌强度和工艺（温度时间的组合）的制定。这些因素对质量控制提出了更高的要求。④如果原料的来源是未知的，将使质量控制更加困难。由于原料质量变量的多样性，就要求设定的误差范围不应该太窄，否则很容易导致不安全的产品出现。对于目前国内大多数食品企业而言，原料的采购、验收检验对于成品的检验环节还是一个相对薄弱的方面，必须引起足够的重视。

第二，测量手段和方法的波动。一方面原材料的巨大波动对测量手段和方法提出了更高的要求。对于控制过程来说，取样方法，即如何在适当的位置选取正确数量的样品，包括取样后样品的制备，显得尤其关键。某些取样方法，如听装果汁饮料的大肠杆菌检验一般需要 3 天以上的时间，由于耗费的时间较长，很难快速地反映生产过程中的问题。并且，这种取样的方法通常是破坏性的，尽管对同一批次的产品，在保证一定的取样基数的条件下，取样样品能够说明一定的问题，但另一方面也表明实际消费的产品是没有经过检验和控制的。所以，取样的途径、方法和手段等，都可能引起巨大的波动。

第三，波动的另一个重要来源就是人。包括操作者的质量意识、技术水平及熟练程度、身体素质等。一方面，在食品加工过程中，波动与加工一线人员所接受的教育程度有很大关系；另一方面，安全隐患来源于加工环境和加工技术本身的合理性，尤其对食品的加工而言，不卫生的条件（人员、环境和器具）或不适当的加工（如加工周期过长）往往能引起大量腐败菌和病原体滋生而造成食品的污染，这就要求加工人员对食品生产过程中微生物的滋生过程有相当程度的了解。所有从事食品加工的一线人员都必须经过健康体检，同时在与食品接触前必须经过更衣、换鞋和手的消毒处理（尤其对于精加工和包装工序的人员）。频繁地更换生产人员也是形成波动的另一个巨大来源。对工艺文件的误解或过低的文化程度也会导致质量问题。同时，在食品加工过程中，许多控制过程，如目测、记录等，需要人的参与，因此测量的主观性和低准确度，是波动产生的另一主要原因。对于特殊工段的人员必须经过培训再上岗。

第四，食品加工过程中所使用的仪器和设备通常都是为了加工或检测某些参数而配备的，具有专门的用途，并不是容易经常更换的。对一种类型的仪器和设备而言，如果采用其他种类型的控制手段，则会形成潜在的波动来源。如高压杀菌锅设计中，泄气阀的排布是基于杀菌锅内的热分布状况而设计的。同样的工艺条件下，在不同杀菌锅设备中生产出来的产品质量上的波动是经常出现的情况。因此，食品加工过程中使用的设备和仪器在设计上就有必要考虑食品的安全问题。另外由于不合格的设计或不适当的清洗引起的微生物污染，对控制过程提出了更高的要求，也是波动的主要来源。

三、食品质量控制的内容

质量控制的主要原则是对控制周期的运用。控制周期不仅仅被应用于生产层面，还可以应用于管理层面。控制周期围绕生产操作过程方面通常包括以下四部分的内容。

一是测量或监测生产过程的参数，例如温度、压力等。

二是检验，即在允许误差范围内将测量到的数值与规定的数值进行比较，例如对于低酸性肉类罐头的杀菌温度必须控制在（121 ± 1）℃。

三是调节人员决定应该采取何种措施以及实施多大幅度的调节，例如使用温度调节装置来控制温度。

四是纠正措施。包括所采取的正确的措施，例如上调或下降加热温度。

（一）测量或监测

测量或监测步骤中包括对生产过程或产品质量指标进行分析或测量。测量单元的主要特征包括信号的获取，生产过程中发生变化的反应速度以及测定的信号和生产过程的实际状态之间的关联。分析或测量得到的结果必须能正确地反映生产过程的实际状态，是控制周期的前置条件。

测量单元可以是自动的，也可以由操作人员进行手动操作完成。测量手段可以是目测或通过仪器测量，如食品生产中的pH值、压力、温度或流速等都可以通过仪器直接记录或读数，对食品生产过程而言还可能包括对产品的微生物分析或感官评定，但这些分析手段通常比直接测量需要更多的时间，必须注意在采取纠正措施之前得到测量结果是控制周期中必要的前提。测量单元中主要包括5种典型方法。

1. Off-line

手工取样后，将样品运输到实验室进行分析或测量，如菌落总数的计量。

2. At-line

手工取样后，在原位进行分析或测量。如淀粉糖化过程中对糖浆糖度的计量（折光法）。

3. On-line

自动取样后进行自动分析，如纯净水生产中灌装出水口水样电导率的分析和计量。

4. In-line

在生产线上将传感器监测到的信号翻译成输出信号，如生产线上热电偶温度传感器对温度的测量。这种方法通常没有取样步骤。

5. Non-invasive

生产线上未与产品发生物理接触而进行的信号测量。

（二）检验

检验是将测量或分析得到的结果与已经设定的目标和允许误差进行比较。结果可以是定量指标，也可以是定性指标。如某一病原体形成的菌落总数可以通过定量指标来检验，而感官指标，如颜色、外观等可以通过定性指标来检验。在控制周期的这一个部分中，通常使用控制图表检验，在图表中可以绘制出实际的结果、目标和允许误差。从误差的来源看，一般波动来源的协同作用效果反映为允许误差，它都可以通过统计学方法得到。在控制图表上，对于特殊来源的波动可以被注明为失控状态。

控制图表包括很多种类。选择何种类型的控制图表取决于监控的目标类型和数据的类型。例如对于变量（例如连续的刻度测量）和品质数据（例如合格或不合格）采用不同的图表。

（三）调节人员

调节人员根据与目标值进行比较得到的结果判断应该采取何种纠正措施。因此调节人员须确定纠正措施的程度（多或少）和方向（正或负）。实际生产中有许多类的调节人员，包括最简单的调节人员和复杂的调节系统。必须根据生产过程的性质和所需要的准确度来选择调节人员。常见的调节人员分为以下几类。

1. 开 – 关调节人员

这是最简单的调节人员，他只有 2 个固定的工作岗位，即开和关。

2. 比例调节人员

这一类型的调节人员所采取的措施的程度与生产过程参数的偏差有直接关系。

3. 最适调节系统

在这一过程中，调节人员对几个生产过程参数与不同的目标进行比较，以得到最佳的调节效果。

4. 专家系统

这是一类非常专业的调节人员，集系统的专业和知识为一体。例如在一个再利用食品灌装 PET 瓶的清洗过程中，需要一个模式识别系统，即专家系统。生产中，首先是快速分析瓶子的顶空部分，然后鉴定不稳定物质，并与专家系统的信息进行比较。如果模式不符合，则需要剔除这个瓶子，即表明瓶子清洗后仍然残留污染物，不适合再利用。

（四）纠正措施

纠正措施是对超出目标允许误差范围而采取的实际措施，如失控状态。纠正措施可以通过改变机器参数设置（如升高或降低温度）或使用人工（如剔除不合格产品）的方法来进行。纠正措施的准确度对于完成一个良好的质量周期来说是非常重要的。

控制周期有不同的形式，但是其基本原理是一致的。2 个常见的控制周期分别是反馈和前馈控制周期。在反馈控制周期中，是在生产过程的问题发生后，采取纠正措施。在前馈控制周期中，生产过程的问题在出现前就已被发现，前馈控制是基于早期过程中的测量和直观的判别。以前馈控制为例，在番茄酱的生产过程中，对购入的原料番茄的可溶性固形物（糖分）进行分析，就可以在生产前修改工艺条件和配方，进而得到符合要求的番茄酱产品。反馈和前馈控制周期示意图如图 6–1 所示。

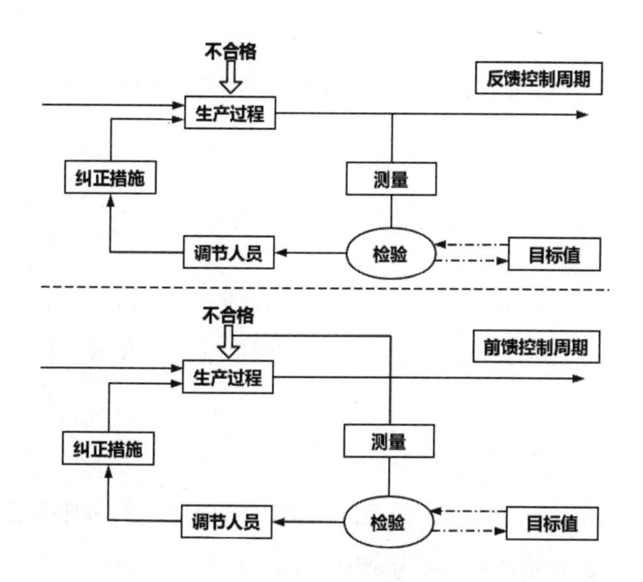

图 6-1 反馈和前馈控制周期的图标描述

为了使控制周期更好地发挥作用，非常重要的一点是准确地调整生产过程的基本元素。要恰当地评估必须控制的测量参数，而这些参数与食品的质量应该是有密切联系的，所以要求调节人员对生产过程有一个深刻的了解。同时控制周期是由多个基本元素组成，必须在使用前进行原位（现场）检验。

除了调整外，还有一个重要的方面就是控制周期的运行时间。即测量偏差和实施纠正措施的运行时间必须足够短，同时必须保证在此期间运行的生产过程不会出现任何问题。实际上，纠正措施并不总是在同一过程中实施。纠正措施的实施需要注意到：①测量或检验和实施纠正措施之间的时间；②生产过程的类型是批次生产还是连续生产。

四、食品质量控制措施的组合

实施食品质量控制的其中一项重要工作内容就是食品质量控制措施的组合，涉及从农田到餐桌整个食品供应链中的每个环节。首先，针对食品供应链中每一环节，进行危害分析，确定各环节中影响食品质量的因素，如影响食品安全的生物危害、化学危害、物理危害和影响食品口感、风味、质构、贮藏稳定性等质量属性的质量危害。其次，对这些危害采取一系列有针对性的控制措施，具体包括针对卫生和生产环境的控制，对食品安全危害的控制，对生产工艺过程的技术控制以及保证食品具备色、香、味、形等感官质量的控制措施。因此，食品质量控制是包含食品卫生、食品安全、食品营养、食品感官质量等一系列质量控制措施的组合。

（一）加强卫生和生产环境的控制

加强环境的卫生控制主要包括两大方面：生产环境的卫生控制和生产人员的卫生控制。

1. 生产环境的卫生控制

（1）环境卫生控制

老鼠、苍蝇、蚊子、蟑螂和粉尘可以携带和传播大量的致病菌。因此，它们是厂区环境中威胁食品安全卫生的主要危害因素。应最大限度地消除和减少这些危害因素对产品卫生质量的威胁。

（2）对原料、辅料进行卫生控制

分析可能存在的危害，制定控制方法。生产过程中使用的添加剂必须符合国家卫生标准，是由具有合法注册资格生产厂家生产的产品。向不同国家出口产品还要符合进口国的规定。

（3）防止交叉污染

在加工区内划定清洁区和非清洁区，限制这些区域间人员和物品的交叉流动，通过传递窗进行工序间的半成品传递等。加工过程使用的工器具、与产品接触的容器不得与地面接触；不同工序、不同用途的器具用不同的颜色加以区别，以免混用。

（4）车间、设备及工器具的卫生控制

严格日常对生产车间、加工设备和工器具的清洗、消毒工作。

（5）贮存与运输卫生控制

定期对贮存食品仓库进行清洁，保持仓库卫生，必要时进行消毒处理。相互串味的产品、原料与成品不得同库存放。

2. 人员的卫生控制

①出口食品厂的加工和检验人员每年至少要进行一次健康检查，必要时还要做临时健康检查，新进厂的人员必须经过体检合格后方可上岗。

②加工人员进入车间前，要穿着专用的清洁的工作服，更换工作鞋，戴好工作帽，头发不得外露。加工供直接食用产品的人员，尤其是在成品工段的工作人员，要戴口罩。为防止杂物混入产品中，工作服应该无明扣，并且前胸无口袋。工作服帽不得由工人自行保管，要由工厂统一清洗消毒，统一发放。

③工作前要进行认真的洗手、消毒。

（二）加强食品安全危害的控制

食品是人类赖以生存的能源和发展的物质基础。因此，食品的安全性，与人们日常生活密切相关，已成为社会共同关注的热点问题。它不仅关系到人民群众的身体健康和生命安全，也直接影响社会经济的发展。然而，传统食品生产管理方法依赖于对生产状况的抽查、依赖于对成品随机抽样后的检验、依赖于对既成事实的反应性，所以也难以保证生产出安全的食品。因此，加强食品安全危害的控制是食品质量控制的一项重要内容。

首先，进行危害分析。危害分析与预防控制措施是 HACCP 原理的基础，也是建立 HACCP 计划的第一步。①食品安全组应收集、更新和维护初步信息。包括但不限于：组织的产品、过程、客户要求；食品安全管理体系有关的食品安全危害。②基于以上初步信息进行危害分析，食品安全组可以确定需要控制的危害。控制程度应确保食品安全。如适当应采用多种控制措施的组合。③组织应针对各种已确定食品安全危害，进行危害评估，以确定其是否严重妨碍或降低了可接受水平。④基于危害评估，组织应选择适当的控制措施或控制措施组合，能够预防已确定的重大食品安全危害，或将其降低至规定的可接受水平。

其次，控制措施确认和控制措施组合。食品安全组应确认所选控制措施能够达到其指定预期控制食品安全危害的程度；当确认研究结果显示控制无效时，食品安全组应修订并重新评估控制措施和 / 或控制措施组合。食品安全组应维护控制措施的确认方法以及证明控制措施能够达到预期结果的证据，作为成文信息。

再次，组织应建立、实施和维护一套危害控制计划，危害控制计划应作为成文信息予以维护，并应包括关键控制点处或操作前提方案中各控制措施的以下信息：①将在关键控制点控制或通过操作前提方案控制的食品安全危害；②关键控制点处的关键限值或操作前提方案的行动标准；③监视程序；④关键限值或行动标准不达标时将采取的纠正和纠正措施；⑤职责和权限；⑥监视记录。

最后，实施危害控制计划。危害控制计划应予以实施和维护，相关证明应作为成文信息予以保留。

（三）加强生产工艺过程的技术控制

质量控制以技术为基础。生产活动的质量控制的目的是以期望的方式运行的过程（如图 6-2 所示）。公司通过使用统计技术测量过程输出来实现这一点。如果结果可以接受，则不需要采取进一步行动；如果结果不可接受，则需要采取纠正措施。生产控制涉及验收抽样程序。此外，越来越多的公司强调设计过程中的质量，从而大大减少了对最终产品的检查需求。事实上，现在的注意力转向该过程的控制，称为（统计）过程控制。在过程控制中，前馈机制是优于反馈控制。前馈系统可以防止瑕疵和变动。事实上，在应用过程控制时，进行产品检查仍旧必要的，但检查的目的旨在验证过程是否是在符合标准要求的条件下运行。

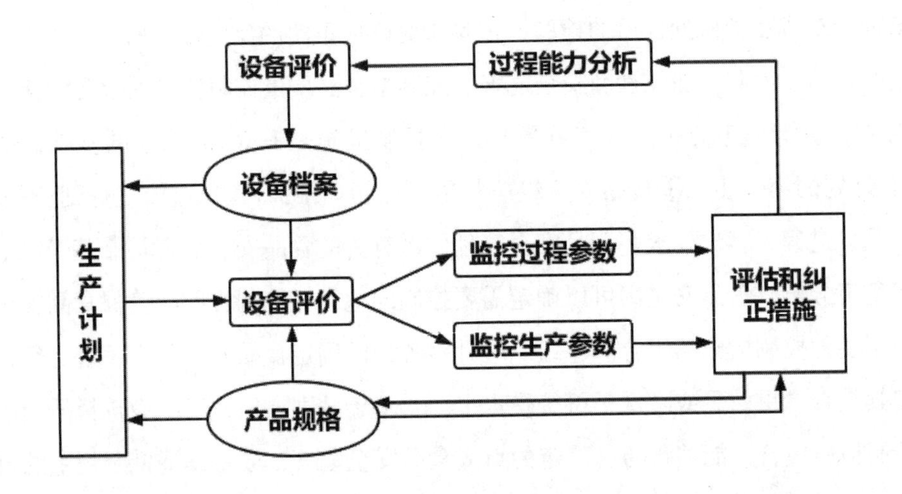

图 6–2 生产过程控制

生产计划通常不被认为是质量控制活动。然而，应该注意的是，它对质量性能有很大的影响。生产计划将有关设备（可用性、质量性能和成本）和客户订单（包括产品规格）的信息合并到生产日程中。当成本和交货时间导致生产计划因为时间压力而不可能满足质量标准时，产品质量中的许多问题会涉及生产计划。

因此，需要通过制定标准操作规范，分析生产过程中的质量数据，采取技术控制和组织管理措施，使生产全过程都处于控制之中，即使有变化也在可接受的范围之内。我国食品标准按作用范围分类可分为：技术标准，指对标准化领域中需要协调统一的技术事项所制定的标准，具体形式可以是标准、技术规范、规程等文件以及标准样品实物；管理标准，指对标准化领域中需要协调统一的管理事项所制定的标准；工作标准，为实现整个工作过程的协调，提高工作质量和效率，对工作岗位所制定的标准。

食品行业将主要精力都放在危害分析与关键控制点（HACCP）、良好生产规范（CMP）、卫生标准操作程序（SSOP）以及其他操作性前提方案（OPRP）的控制结果方面，而忽略了控制措施的组合和与质量管理的结合。因此，我们必须认识到：食品质量管理既包括对质量控制过程的管理，又包括对食品质量管理体系的管理。特别是在食品质量管理体系中，对人员的管理，不但要有制度，而且应该纳入柔性管理的方法，如人文关怀、个人素养培训、压力疏导、企业文化建设等。

第二节 质量控制的工具和方法

食品加工过程控制的主要环节是测量，那么需要对适当的取样技术有一定的了解，包括取样方法、取样地点、取样基数及分析方法和标准等。概括起来在取样或测量前就必须考虑的重要内容应该包括如下几个方面。

第一，应该如何取样，在何处取样，例如如何在不均一的产品中选取具有代表性的样品。

第二，应该采取何种分析或测量方法，是否应该采取破坏性的方法，反映时间如何确定，是否改变了质量属性等。

第三，拒绝或接受某一批次或产品的根据是什么，选择的标准是什么。

数理统计中常用的几个概念如下所述。

1. 总体（又称母体）。总体是研究对象的全体。研究对象为一道工序或一批产品的特性值，就是总体。总体可以是有限的，也可以是无限的。例如有一批含有 10 000 个产品的总体，它的数量已限制在 10 000 个，是有限的总体。再如总体为某工序，既包括过去、现在，也包括将要生产出来的产品，这个连续的过程可以提供无限个数据，所以它是无限的总体。

2. 样本（又称子样）。样本是从总体中抽取出来的一个或多个供检验的单位产品。在实际工作中，常常遇到要研究的总体是无限的或包含数量很多的个体，使得不可能全数检查或工作量过大，费用很高，或者有的产品要检查某一质量特性必须进行破坏性试验。因此，在统计工作中常常使用一种从总体中抽取一部分个体进行测试和研究的方法，这一部分个体的全体就叫样本。

3. 个体（又称样本单位或样品）。个体是构成总体或样本的基本单位，也就是总体或样本中的每一个单位产品。它可以是一个，也可以是由几个组成。

4. 抽样。从总体中抽取部分个体作为样本的活动称作抽样。为了使样本的质量特性数据具有总体代表性，通常采取随机抽样的方法。

质量管理中常用的统计方法有分层法、调查表法、散布图法、排列图法、因果分析法、直方图法、控制图法等，通常称为质量管理的 7 种工具。这 7 种方法相互结合，灵活运用，可以有效地服务于控制和提高产品质量。

统计学方法的使用为采取正确的决策提供了一定的基础，下面对食品加工质量控制中所使用的主要测量手段和分析方法进行阐述和讨论。

一、抽样试验

食品加工过程控制的抽样试验按生产环节分为：原料试验、中间过程试验和产品试验。抽样试验中的基本术语和以上提到的几个概念有相近之处，主要包括如下几个。

单位产品：是组成产品总体的基本单位，如一听罐头、一袋牛乳等，也称为检验单位。

生产批（批次）：在一定的条件下生产出来的一定数量的单位产品所构成的总体称为生产批，简称批。

批量：批中所含单位产品的个数，记作 N 。

检验批：为判别质量而检验的，在同一条件下生产出来的一批单位产品称检验批，又称交验批、受验批，有时混称为生产批，简称批。批的形式有稳定批和流动批 2 种：前者是将整批产品贮放在一起，同时提交检验；后者的单位产品是在形成批之前逐个从检验点通过，由检验员直接进行检验。一般说来成品的检验采用稳定批的形式，过程及工序检验采用流动批的形式。

其实食品质量控制活动是在原料交付的过程中就已开始进行，如交付控制就是针对原料试验的控制方法。交付控制的目的是根据原料是否合格来决定是否接受某一批次的原料。食品工业中常使用的检查方法包括抽样检查、百分之百检查（又称为全数检查）和进料抽样试验。

（一）抽样检查

抽样检查又称为随机抽样检查，是指固定从一批原料产品中抽取一定比例的样品进行检查。在每次抽取样本时，总体中所有的个体都有被抽取的同等机会的抽样方法叫随机抽样。随机抽样的方式很多，有简单随机抽样、分层随机取样、整群随机抽样和系统随机抽样。例如，每一批次中抽取 10% 的样品进行检查，或是有规律性地选取各批次中第 8 个产品进行检查。这一方法由于没有统计学依据，在不同产品中并不清楚这一使用方法得到错误的决定的风险有多大。通常在对数量性原料（如对来自包装材料厂包装材料的数量）样品检查时采取抽样检查，但这种抽样检查方法并不能成为质量认证的决定性手段。

（二）百分之百检查

百分之百检查就是对全部产品逐个地进行试验与测定，从而判定每个产品合格与否的检验。百分之百检查又称全数检查和全面检查，它的检查对象是每个产品，这是一种沿用已久的检查方法。实际过程中百分之百检查其实是一种筛选方法，是对某一批次中所有的产品从理论上剔除所有不合格品。这一检查方法通常适用于对农产品的检查，通常可以根据大小或形状进行分级。当检验费用较低而且产品的合格与否容易鉴别时，百分之百检查是一种理想的检验方法。另外，百分之百检查还常应用于对产品安全要求非常苛刻的情况或成本非常高的产品。但百分之百，检查有以下缺点。

①准确度通常只有 85%，检查精度有时比抽样检查更低。

②只能用于无损的检查。

③通常成本较高而且不实用。

④工作量大，费用高，耗时多。因为单调和不断重复的工作会造成检查人员的厌烦和懈怠。

在选择究竟应用何种检查方法时，应该考虑检查方法的成本和由于误检所付出的代价。代价主要取决于 2 个方面，即将不合格的产品提供给消费者的可能性和误检发生的概率。

（三）进料抽样试验

进料抽样试验通常是在交付进货的过程中使用，也可以用在进行比较昂贵的操作、处理或加工步骤之前的检验。这一方法主要基于统计学原理，目的是对所要采取的决定进行风险判定。在这里风险的含义一方面是生产者风险（α），就是在某一批次的产品质量合格的情况下被判定为不合格的可能性；另一方面是顾客风险（β），就是在某一批次产品质量并没有达标的情况下被判定合格的可能性。

进料抽样试验包括以下几个步骤：

①检查人员根据统计学方法在某一批次货物（N）中随机抽取样品（n），即取样；
②确定需要经过目测、仪器测量或分析来确定不合格产品的项目（数量或水平等）；
③将检查结果与标准（c）进行比较；
④决定是否接收某一批次的产品，即批次判定。

二、统计过程控制

统计方法也应用于生产过程的控制。统计过程控制（SPC）是一种监测操作过程以鉴定特殊变量的特殊方法。特殊变量是一种非常规变量，超出了一般变量。一般变量存在于加工方法、材料、环境和使用的工人之中。

质量过程控制的目的在于对过程实行监控并且将普通变量和特殊变量加以区分。普通变量源于自然变量，本来就存在于过程之中。普通变量包括所有那些没有被适当控制的因素，例如相对湿度、环境温度等。特殊变量代表在过程中不同寻常的变量，例如，偶然造成的季节性原料的巨大差异。在使用统计过程控制之前，必须对几个方面的因素加以考虑，SPC 应用程序包括以下步骤。

（一）过程的理解和定义

首先，必须通过形成流程图对过程进行描述；其次，必须对相关（或关键）的过程参数和可能的控制手段加以鉴别。为达到这个目的，有以下几种技术可以利用。

1. 失效模式及效应分析（FMEA）

对过程的失效模式和效应分析是一种发现失败的原因、后果和控制的系统步骤。并且，通过计算得到实际的失效模式（或关键点）中的风险优先数（RPN），从而指示风险。

2. 危害分析与关键控制点（HACCP）

HACCP 是一个与 FMEA 相类似的方法，但是在食品生产方面 HACCP 关注的是食品的安全性。HACCP 揭示了关键控制点，并确认了必要的控制措施。

3.PARETO 分析

PARETO 分析即柏拉图分析，是一种图表分析工具，是一种重要的鉴别质量失败的方法。

一个由多学科组成的团队应习惯实施此部分的 SPC，确保整合所有相关知识。这个团队应该包括来自各个不同领域的人员，如生产、购买、质量检验和维修人员等。

（二）过程分析

要评估过程中的普通变量就需要对过程进行分析。什么是内在的变量？首先，应该评估的是数据的类型，即是属性还是变量。其次，必须决定所收集数据和过程参数的水平（平均值和中心值）以及数据的分布（即范围和标准偏差）。对于 SPC 而言，数据应该属于正态分布并且可以建立变量的分布。出于这个目的可采用偏度和峰度，概率作图，卡方检验。

（三）评估过程的能力

在决定自然过程变量和特殊限度的关系时需要进行过程能力的评估。因此生产过程应具有生产在一定容许范围内的产品（即法定限度或标准）的能力。关系如下所述。

过程潜力指数 C_p（或过程能力），表示允许变量（USL 为标准上限，LSL 为标准下限）与实际过程变量 6σ 的商值（假定 6σ 符合正态分布）。

$$C_p = (USL - LSL) / 6\sigma$$

$C_p = 1$表示过程是可行的，因为实际过程变量等于规定允许差；

$C_p > 1$表示过程非常可行；

$C_p < 1$表示过程不可行。

降低实际过程中的变量6σ或增加规定允许差（USL–LSL）可以提高过程能力。然而，只有变量是过程潜力指数C_p所考虑的。变量处于规定范围之中则无须考虑C_p。出于这个目的引进了另外一个指数，即过程操作指数C_{pk}（或过程能力指数），该指数通过与目标值比较，指明了过程的偏差。C_{pk}可从以下过程得到：

$C_{pk} =$（平均值 – 最近的允许值）/ 有效范围的二分之一

$$C_{pk} = (\overline{x} - LSL) / 3\sigma \text{ 或 } (USL - \overline{x}) / 3\sigma$$

当过程正确置中时，过程潜力指数（C_p）和过程操作指数C_{pk}相等，即$C_{pk} = C_p$。然而，实际中的C_{pk}要小于C_p，因为过程并非处于规定范围的中间值上。实际中经常用到的指数是：C_p为1.67，甚至是2.00，以保证过程变量符合规定；C_{pk}的值一般是1.33。

过程能力指数可以用于筛选原料供应方，或用于筛选和接受一个新的过程和 / 或设定产品允许度。

（四）实现 SPC

SPC 的实现包括对人员进行适当培训。SPC 软件的应用范围非常广，但有时要求对统计过程控制的原理有全面的了解。所以雇员最好在 SPC 的准备阶段就开始参与其中，即在开始过程分析阶段就对过程能力指数进行了解。当 SPC 小组达到实施阶段时，他们对 SPC 技术和背景已经非常熟悉。

并且，SPC 的实施不仅仅是技术实施，使用人还应该懂得相关技术和改进过程变量的原理。

实际的过程控制包括利用过程图表进行实时监测和对关键过程参数进行控制。绘制图表有利于操作者、监督者和管理者获得对过程更好的理解并且在需要时采取纠正措施。

SPC 的一个主要方面是对图表的解释。所有的过程图表都有中心线和上、下控制限。控制限值决定了过程本身变量的变化范围，即一般原因。如果变量值超出了过程的上、下控制限，即有可能是特殊原因干扰了过程，即过程处于脱离控制的情形。在实际工作中，过程图的一般规则如下。

①有一点比上控制限高或比下控制限低。

②有 6 个随之增加或降低的值。

③有 10 个后续值会处于中心线之上或之下。

最后，如何处理脱离控制的情形应该给予明确的界定。对脱离控制的情形应该采取的正确行动是什么或者最应该启动的是哪类调查？ SPC 并未给予明确的定义。从整个过程效果看 SPC 的数据应该成为管理的一部分。

三、质量分析和测试

质量分析和测试虽是质量控制过程中的重要层面。分析或测量应用于评价或测量相关质量属性或控制过程。

首先，要区分不同的样品类型。对购入的原料样品进行分析以检查其是否与供应方提供的规格一致。对新供应方提供的原料样品进行检验是为了确保能够在实际中使用。过程控制样品必须经常进行快速测量或分析（如温度、压力、pH 值），对过程进行调整，以得到质量一致的产品。其次，对终端产品进行分析以检查食品是否符合法定的要求，是否符合规格，确保产品会被消费者或顾客接受和 / 或具有期望的货架寿命。然后，对于由顾客或消费者提交的投诉样品进行分析，从而查明过程中的失误。最后，对竞争对手的样品进行分析以便得到产品的相关信息。

可以利用直接测量法对食品样品进行控制，如测量 pH 值或目测颜色。然而如果样品不能进行直接测量，那么，测量之前的分析步骤包括取样、样品准备和实际测量或分析。由于分析步骤是变量的一个主要来源，下面对分析步骤的不同方面进行描述。

（一）取样

取样误差常常占总误差的很大一部分，而实际分析或测量造成的误差相对较小。理想的取样应该是完全均一的，而且能够反映内在本质，如同样的质地、一样的有毒物质浓度、一样的味道。引起农产品、食品产品取样中的典型变量原因可能包括：①不规则形状，如对于大小相似的粒子而言，圆形比多角形的样品更容易进入取样器；②在取样中或取样后样品的成分会发生变化，如水分损失、风味物质的挥发或机械损伤加剧的酶促反应；③在产品和产品之间或在产品内部，许多农产品、食品的品质并不是完全一致的，呈不均一分布。

对有关统计取样计划的信息，已在前面讨论过。选取何种取样计划应该依据以下几点进行选择。

第一，检查的目的。如检查的目的是接收样品还是控制过程？

第二，受检测材料的性质。如受检测材料的性质是否均一？原料的来源如何？原料的成本是多少？

第三，测验、实验步骤的特性。如是否是无损伤测验，测验的重要性是什么？

第四，样本的性质。样本量、大小及如何对下一级样本进行处理？

第五，要求的可信度水平是多高？

第六，取样参数的特性。是数值变量（如不合格数）还是性能变量（如菌落总数）？

（二）样品制备

1. 样品制备的目的

在农产品、食品分析中，样品制备是一个关键过程。样品制备的主要目的如下。

①将不期望发生的反应降到最低，如酶促反应和氧化反应。

②准备均一的样品。

③防止微生物引起样品的变质和酸败。

④提取相关物质。

2. 样品制备的区别

不同的样品制备方法是有一定区别的，举例如下。

①对干的或潮湿样品进行机械磨碎以得到均一样品。

②利用酶或化学处理分解不同物质，或利用机械方法将干扰物质去除。

③利用热处理或能引起酶钝化的无机化合物钝化酶。

④在氮气或添加保护剂的条件下低温贮藏，以控制氧化或微生物引起的酸败。

（三）分析

最后进行分析和测量。其可靠性依赖于分析的特异性、准确性、精确性和敏感性等几个方面。

1. 特异性

特异性是测量应该测量对象的能力。特异性受干扰物质影响，干扰物质在分析中的反应十分类似于真正被测物的反应。

2. 准确性

准确性是评价与被测对象真实性接近的程度。偏差来自分析方法，外来物质的影响以及分析过程中化合物的变化等。

3. 精确度

精确度决定于从分析角度来讲的测量真实性程度。一般来说，分析的精确度误差不应超过规定值。精确度分析包括在同一实验室内进行的重复性实验分析和不同实验室之间的实验分析，还包括日内精确度和日间精确度。

4. 敏感性

敏感性是指仪器反应信号值与被测物数量的比值。

（四）感官评价

产品的感官性质是影响选择和接受食品的重要因素。感官评价可在最后检查，决定加工改变的效果或将产品与竞争对手的产品进行比较。感官评价有 2 种类型。

1. 顾客接受（喜好）测验

参加顾客喜好测试的“理想”顾客组应该从众多的人群中抽出，只有这样才对产品有意义。参加测试的顾客组通过他们的喜好对产品做出评价。顾客组应由相对应的人群组成以得到可靠的、对产品有意义的评价结果。

2. 不同的方法

此方法是由训练有素的分析小组担当。通过对 4 种味道（甜、酸、苦和咸）的敏感能力的测试。他们的这种判断能力在任何实际阈值水平下都可以重复（即重复能力），并且在低阈值水平下可判断相关的气味（即敏感性）。此方法在很大的范围内都可以运用。

除此之外，在实践中产品专家经常在控制特殊产品的质量方面发挥作用。他们对用复杂的描述性语言描述特殊产品的特性是很有经验的。描述质量属性是针对特殊产品组才有意义。例如葡萄酒专家有其自己的风味名词描述葡萄酒的质量。有时，厂方测试小组可以取代专家在生产过程中和生产完成后对质量进行控制。一般人员经过训练和经常性锻炼，可以辨别是否超出记录，从而判断产品是否合格。

感官检测常与仪器分析相辅相成，以鉴别所包含的化学和 / 或物理参数，以建立与感官观察不同的和、或相关的仪器和感官测量。

（五）物理评价

对于农产品、食品的质量控制而言，物理评价包括分析颜色和流变学特性。后者不仅包括黏度和弹性，也包括质地（如新鲜度，脆度）。

流变学关注的是压力（如压力、张力或剪切力）和拉力之间的关系，这种关系可以通过做时间与变形量之间的函数来确定。农产品、食品的流变学特性可以通过分析法或积分法进行分析。在分析法中，材料的性质与基本流变学参数有关（如变形－时间曲线）。在积分法中，压力、张力和时间的经验关系是确定的。实验检测一般基于已决定的性质和质地、质量的经验关系。模拟测验是在类似实际的条件下测定不同的性质，如在加工、处理或使用情况下，流变学测量方面的例子有：

①测量麦粒的硬度，以判断其碾磨特性；

②测量面团的黏度，以得到面包制作过程中的有关弹性、延伸性的变化信息；

③测定肉制品的嫩度，以评价顾客的接受程度；

④对测定水果蔬菜的质地，以确定其成熟度。

实际应用中的一般技术很多，在此不一一介绍。

颜色是一种外观特性，是一种光谱特性。而光泽度、透明度、乳化度和浑浊度是物质经光折射后表现的属性。

颜色的分析可用来控制产品中合成色素的添加量，判别蔬菜、水果的成熟度，或判断原料贮藏或产品加工过程中颜色的变化。

（六）微生物检验

多数定量检测和定性测定微生物的方法是基于不同的微生物在一定的培养基上的代谢活性，测定对象微生物生长趋势，分析细胞或细胞的结合性。具体测定方法有如下几种。

1. 物理学方法

物理学方法是以测量为基础的，如测量传导特性、焓变、流动性等与微生物的代谢活性有关的特性。

2. 化学方法

化学方法以决定代谢产物、内毒素或以典型的细菌酶类为基础进行分析。

3. 特征指纹的方法

特征指纹的方法用以鉴定微生物。

4. 免疫学方法

免疫学方法用以检测和定量分析食品中微生物及其代谢产物。

目前 DNA 技术也用于微生物分析和鉴定。

（七）成分分析

有许多分析技术可以测定食品中的成分或特征化合物。

1. 酶分析

大多数酶是热不稳定性蛋白，在食品加工过程中，酶能特异催化多种化学反应。天然存在于动植物组织以及微生物细胞中的酶，称内源酶。尤其在未加热的原料中，内源酶可以影响质地、风味和形成异味、引起变色等。另外，酶也可以广泛应用于食品的加工，如加速发酵速度（糖化酶）、改善奶酪的风味和质地（凝乳酶）、作为肉的嫩化剂（蛋白酶）、漂白天然色素等。

2. 酶分析技术的应用

作为质量控制的一部分，酶分析技术主要应用在以下几个方面。

（1）测定食品的质量状况和生产时间

例如细菌脱氢酶就是牛乳卫生状况不佳的一个指标。高水平的过氧化氢酶表明牛乳有可能来自受感染（乳腺炎）的奶牛。贮存不当（高湿和高温）的谷物和油料种子表现出脂肪酸含量增高，而脂肪酸含量的高低是可以通过测定脂肪酶的活性确定的。

（2）监测或鉴定热处理的效果

例如水果、蔬菜中过氧化物酶的活性可以估测漂烫效果。另外，通过测定磷酸化酶的活性可以估计牛乳巴氏杀菌的效果。

3. 酶活性的测定

酶的活性可以通过以下方法进行测定。

（1）测定底物的流变学变化

如淀粉酶（淀粉液化酶）活性可以通过监测淀粉的黏度测定。

（2）分析酶作用后的降解产物

如监测肽酶的活性可以通过测定肽酶作用后游离氨基酸的含量而得到。

（3）监测酶活性的特殊作用

如由蛋白水解酶引起的牛乳凝固，通过蛋白水解酶来指示用于制作奶酪的牛乳的质量是否合格。

酶学反应的定量监测技术手段包括分光光度法、测压技术、电量分析法、旋光分析法、色谱分析和化学方法等。

直接的测量和分析手段可以用于原材料质量、加工过程中和最后产品的检验。控制测验类型的选择依赖于适宜的测定和分析手段的可行性，测验可以反映出产品的实际质量属性（即准确测量）。取样和得到分析检测结果之间的时间跨度也非常重要。如果需要得到迅速的反应，则必须选用快速检测方法。同时，分析成本也是在选择分析手段时必须考虑的因素。

第三节 食品链关键质量控制过程

一、种植与养殖过程的质量控制

种植与养殖过程是人类大规模获得食物的主要方式，此外，在自然环境中的采摘、捕猎、捕捞也是人类获得食物的方式。种植过程是植物栽培的过程，包括各种农作物、林木、果树、药用和观赏等植物的栽培，有粮食作物、经济作物、蔬菜作物、绿肥作物、饲料作物、牧草等，食用菌的栽培一般也视为种植过程的一部分。养殖过程是培育和繁殖动物的过程，包括家畜养殖、家禽养殖、水产养殖和特种养殖等。

（一）农用生产资料投入品质量控制

种植与养殖过程的农用生产资料投入品主要有种子、种苗、肥料、农药、兽药、饲料及饲料添加剂等产品。

1. 种子、种苗控制

从事种植与养殖的组织或者农户应在合法生产或经营单位购种，合法的生产或经营单位须具有《营业执照》和相应种子 / 种苗的《生产许可证》或《经营许可证》，特别要注意不能随意购买流动商贩、无证、无照经营者销售的种子、种苗。

购种前要了解须购种子、种苗的特征、特性、种植 / 养殖技术要点，选购适宜自己所在地区气候特点、种植、养殖方式的品种。

农作物种子应当加工、包装后销售，种子包装袋表面应标注作物种类、品种名称、生产商、净含量、生产年月、警示标识等。不要购买散装种子或包装破损、标识不清的种子。

购买种子、种苗时，要向销售者索取注明品种名称、数量、价格的凭证和品种介绍、检疫证明、疫苗接种证明、种植、养殖技术等资料，并在播种、养殖过程中，将种子包装袋连同凭证、有关资料一起保存，以备发现种子 / 种苗质量问题时作为索赔的依据。如果购买种子的数量较多，使用前要注意提取样品封存，并贴上标签，注明种子名称等，一旦出现问题，可及时向有关部门提供样品，以便确定种子经营者的责任。

使用者如发现所购种子、种苗有质量问题并造成损失时，要持销售者出具的购种凭证、包装袋等，找售种者要求组织鉴定和测产，并赔偿因质量问题造成的损失。如销售者不能在保全期间赔偿或组织鉴定、测产，则要向所在地县级农业行政主管部门投诉，并申请组织鉴定和测产。如果经有关管理部门协商、调解、仲裁，仍不能得到赔偿或认为赔偿不合理的，在保存有关证据的基础上可直接向人民法院起诉。

2. 肥料、饲料及饲料添加剂控制

肥料、饲料及饲料添加剂的选用应能满足农作物和禽畜、水产品的营养需求，且与种植 / 养殖地区气候、土壤、水体相适应，减少对环境的不利影响。

肥料、饲料及饲料添加剂产品标签上应标识的内容，如产品中文通用名称、商品名称、生产企业名称和地址、产品生产资质、有效日期等。使用者在采购时要注意销售者的合法资质，保留销售凭证，并建立进货和使用台账，采用合适的方式保存所使用肥料 / 饲料及饲料添加剂的产品信息，以确保在种植与养殖过程中出现质量问题时，可以及时追溯处置。

3. 农药、兽药控制

农药、兽药是种植与养殖过程中减少病虫害损失的必要投入品，由于其残留物通过生态链富集并进入食品链影响消费者的健康，是必须密切关注的、影响产品质量的因素。

在种植过程中，农药是必须关注的质量因素；而在养殖过程中，不但要关注兽药，还要关注从种植来源的饲料中进入养殖动物体内的农药。为避免剧毒和高毒农药、兽药残留物危害食品安全和在环境中积累，任何组织和个人都不得生产、销售和使用剧毒和高毒农药、兽药。

此外，不同质量等级的农产品，允许使用的农药、兽药也有不同的要求，如无公害农产品、绿色食品、有机食品标准中允许使用的农药、兽药种类依次递减，在采购时要特别注意相关药物的准用情况。

（二）种植与养殖过程质量控制

在确保了上述投入品的质量后，种植与养殖过程中质量控制重点关注食品安全危害因素和产品品质影响因素。

1. 食品安全危害因素

从生物性、化学性和物理性 3 个方面分析种植与养殖过程中可能会对食品链造成的危害因素。

（1）生物性危害因素

种植与养殖过程中微生物、农业害虫会造成农产品腐败变质，并可能会产生生物毒素，由于未及时剔除坏果而混入终产品，造成了相关生物或生物毒素进入食品链，如腐败苹果携带的棒曲霉产生棒曲霉素。

（2）化学性危害因素

种植与养殖过程中化学性危害因素来源较多。

内源性因素：植物体、动物体随着发育成熟的生理变化，体内的内源生物毒素会对终产品的食品安全产生危害，如发芽的土豆产生龙葵素、养殖的河豚毒素超标。

外源性因素：空气、土壤和水体环境中的重金属污染物、农兽药残留物会随着种植与养殖过程在农产品内蓄积；农药、兽药使用不当，造成在农产品中残留量超标。

（3）物理性危害因素

种植与养殖过程中常见物理性危害发生的可能性较低，某些特定种植与养殖环境中可能会发生，如被放射性物质污染的区域内种植的蔬菜或养殖的禽畜。

2. 产品品质影响因素

产品品质影响因素直接决定了种植、养殖农产品的产品质量，是实现顾客满意的具体要求。主要有以下 2 方面因素。

（1）环境气候因素

适宜的环境气候是种植与养殖业发展的前提，光照、温湿度、降水量等气候条件，直接影响了植物类和食用菌类农产品的生长，也通过饲料获得的形式间接影响着动物类农产品的养殖业，如光照时间长使得果实含糖量更高，饲草营养充足使得牛肉具有更好的口感。

（2）培育技术因素

培育技术一般须与种子、种苗配合，才能获得高品质的农产品。具有相应能力的技术人员，也是种植与养殖过程中不可或缺的影响因素。此外，与培育技术匹配的设备、设施对于保护农产品感官指标和营养成分，减少培育和收获过程中的损伤、损失有重要影响。

（三）种植与养殖过程质量管理趋势

1. 产地环境管理

良好的农业生产环境是生产优质农产品的前提和基础，依据相关环境保护法律、法规加强产地环境管理和污染防治。重点搞好对农用灌溉水、土壤和空气质量的管理，控制外来污染，抑制农业自身的污染。严格农产品产地环境的管理，从业者要重点解决化肥、农药、兽药、饲料等农业投入品对农业生态环境的污染，采取切实有效的农业生态环境净化措施，保证农产品的产地环境符合要求，从源头上把好农产品质量安全关。

2. 投入品管理

按照管理规定和相关标准，合理使用农药、兽药、渔药及饲料添加剂，消除不安全因素对食品质量安全的危害。

3. 标准化管理

种植与养殖从业者应规范农业生产过程，科学合理地使用农业投入品，依据相关标准制定生产技术规程，通过科技培训营造食品安全氛围，将合理使用农业投入品和严格遵守生产规范作为一种自觉行为。在必要情况下，根据生产情况允许使用植物源、动物源、微生物源及生物农药；限量使用低毒、低残留农药，并严格遵守使用时期、用量、方法及使用安全间隔期。农业标准化是保证农产品质量安全的有效载体，从业者建立田间管理档案、记录生产管理信息、产地环境状况等，并将此信息输入终产品信息库，以提高农产品生产和加工标准化水平。

二、原辅料采购与供应商的质量控制

原辅料供应商处于企业食品链的最前端，提供的原辅料是企业生产之基础。食品生产经营者对原辅料及供应商进行有效控制，是企业能够持续稳定生产合格食品，保障终产品的品质的重要环节，也是实现食品可追溯的重要一环。

（一）原辅料采购管理

食品原辅材料包括食品原料、食品添加剂、食品相关产品（如包材等）。

1. 采购流程控制

采购应考虑到企业的战略、市场供求状况、竞争对手情况、生产活动情况、进货周期等因素，同时须充分考虑原辅料供应商质量管理、供应商创新能力、服务能力等多方面。企业内部设立专职采购部门，根据搜集的相关信息完善适合本单位的采购策略、采购方案并形成食品原料、食品添加剂和食品相关产品的采购流程控制程序，同时制定长效的采购流程控制相关的作业指导书，例如原辅料进货查验制度、原料进出库管理制度等，以明确各部门责、权、利，加强部门间沟通、协调、制衡，以便提高工作效率、保证工作质量。

2. 原辅料采购标准制定

企业对所要采购的各种原料做详细的需求信息搜集，如原辅料的品种、产地、等级、规格、数量、标签、感官、理化指标、卫生指标、包装、虫害控制、合格证明文件、车辆运输条件、存储环境等方面。制定采购标准应考虑国家法律法规及标准的要求，当然还须综合考虑供应市场和消费者的需求。根据实际情况管理层和采购、生产和品控等各部门一起研究决定，力求把规格标准定得实用可行。

原辅料采购标准不可能固定不变，企业应该根据内部需要或市场情况的改变而改变，并且根据国家法律法规标准的修订及时检查和修订采购规格标准。制定食品原辅料采购标准，是保证成品质量的有效措施，也是后续原辅料验收的重要依据之一。

3. 原辅料验收管理

企业根据采购标准对食品原辅料、食品添加剂、食品相关产品进货查验，如实记录食品原辅料、食品添加剂、食品相关产品的名称、规格、数量、生产日期或者生产批号、保质期、进货日期以及供货者名称、地址、联系方式等内容，记录和凭证保存期限应不少于产品保质期满后 6 个月。

企业验收原辅料时重点须查验供货者的许可证和产品合格证明（例如批次产品合格证或批检报告、进口产品检验检疫证明、购销凭证等），对无法提供合格证明文件的食品原辅料，应当依照验收标准委托具有资质的检验机构进行检验或自行检验。食品原辅料必须经过验收合格后方可使用，经验收不合格的食品原辅料应在指定区域与合格品分开放置并有明显标记，避免原料领用错误，并应及时进行退换货等处理，保证食品原料的安全性和适用性。

（二）供应商质量控制

供应商质量管理作为企业质量的重要组成部分，承担着对影响企业产品的源头因素进行控制的责任。

1. 供应商的选择与评价

不同的企业会根据产品特点的不同建立不同的供应商选择和评价的标准，不同的产品会有不同的侧重点。但其基本流程和依据大致相同，基本的步骤可归纳为：供应商重要性分类→基本情况调查→现场审核→评价与选定。

企业应根据采购频率、采购批量、原材料质量、价格呈浮动的特点，考虑供应商的供货能力、产品质量保证能力和信誉度等，进行多方面细致、完整、科学、系统的评价。企业可选择因素评分法，综合考虑供应商各个方面的指标，各项指标根据重要性或风险性设置不同的权重比例，并设置最低要求，在最低要求以上得分最高者为最佳供应商，原则上同一种原料的供应商应不少于 2 个。

2. 供应商质量管理

供应商选定之后就开始样品的试样，从样品开发初始就正式对供应商进行质量控制，因为从此阶段开始进入了实质性的产品阶段。不同的企业对供应商的质量控制的程度和要求不同，但主要流程如下。

（1）研发阶段的质量控制

在研发阶段企业可邀请供应商参与产品的早期设计与开发，明确设计和开发产品的目标质量，与供应商共同探讨质量控制过程，鼓励供应商提出降低成本、改善性能、提高质量的意见。

（2）样品开发阶段的质量控制

供应商提供的原料必须明确产品的质量控制方法、检验方法和验收标准以及不合格品的控制等文件，这时企业应与供应商共享已有的技术和资源，对试制样件进行全数检验，对供应商质量保证能力进行初步评价。

（3）中试阶段的质量控制

中试阶段是对样品生产阶段出现问题的解决和对生产工艺的进一步确定。此阶段对供应商的质量控制主要包括制定生产过程流程图、进行失效模式及后果分析（FMEA）、测量系统分析（MSA）、制订质量控制计划、监控供应商的过程能力指数等。

（4）大批量生产阶段的质量控制

在大批量生产中，对供应商的质量控制主要包括更新失效模式及后果分析、完善质量控制计划、实时监控供应商过程能力指数、实施统计过程控制、质量检验、纠正或预防措施的实施和跟踪、供应商的质量改进等。

3. 供应商绩效评价与改进

一般企业通常都有数十或上百家的供应商，在选定合格供应商后为保证其长期稳定的供应能力，需要对其进行长期的动态监控。对选定的合格供应商，应建立统计数据表，就质量问题、准时交货等进行统计分析，选优淘劣。利用内部网络建立供应商信息共享的数据统计分析平台，建立供应商的质量档案，其中包括品控、采购、生产、售后服务、客户处获得的质量信息等。

另外可通过聘请第二方或第三方机构对供应商进行审核，通常采用的是第二方审核，通过内部质量要求或外部法律法规等环境变化来确定审核的内容，通过策划找出各自的优劣势并对各供应商的资源进行适当调整，全面提高质量水平。

三、生产过程的质量控制

通过前述采购质量控制为生产过程提供了符合质量安全要求的原辅料，然而要将原辅料转换成终产品，还须经过程序复杂的加工过程。食品生产既要满足食品外观、风味、营养、货架寿命、功能特性等要求，又要满足安全性的要求。在这过程中需运用质量管理的手段（如危害分析的方法）明确生产过程中的关键控制环节，并根据不同产品的特点制定食品安全关键环节的控制措施，形成程序文件，指导食品的生产操作。

（一）加工工艺控制

生产过程中须充分考虑食物的外观、风味、营养物质和功能活性物质的要求。根据产品的特性以及相应的法律法规制定规范合理的生产工艺过程控制文件，以指导产品生产。操作人员必须明确每道加工工艺的参数和特性，在实际的生产环节，要结合工艺参数和特性来进行对比和监控。

以灭菌乳和巴氏杀菌乳为例，灭菌乳灭菌强度为 135 ℃，4 s 以上；巴氏杀菌乳灭菌强度一般为 72 ~ 80 ℃，15 s。后者的热敏感和生物活性物质如 β - 乳球蛋白等显著高于前者。因此制定杀菌工艺过程时，必须了解产品特性，同时考虑杀菌设备、容器类型及大小、技术及卫生条件、水分活度、最低初温及临界因子等热力杀菌关键因子，并进行科学验证，当工艺技术条件发生改变时（如杀菌设备更新），应对工艺过程重新进行评估更新。

（二）微生物污染的控制

1. 过程产品微生物监控

食品的加工过程，如杀菌、冷冻、干燥、腌制、烟熏、气调、辐照等，作为关键控制环节可显著控制微生物。为了反映食品加工过程中对微生物污染的控制水平，可通过过程产品的微生物监控，评估加工过程卫生控制能力和产品卫生状况，从而验证微生物控制的有效性。加工过程选取的指示微生物应能够评估加工环境卫生状况和过程控制能力的微生物，同时根据相关文献资料、经验或积累的历史数据确定取样点及监控频率。例如包装饮用水生产过程中每周对灌装前的水进行大肠菌群和菌落总数的监控，速冻熟制品加工过程中对每批加热预冷后的中间产品进行菌落总数和大肠菌群监控。

2. 生产环境微生物监控

为确保加工过程的卫生状况，生产前须根据制定的清洁消毒制度对生产设备和环境进行有效的清洁和消毒。为了验证清洁消毒效果，评估加工过程的卫生状况以及找出可能存在的污染源，通常对食品接触表面、与食品或食品接触表面临近的接触面以及环境空气等进行微生物监控。

（三）化学污染的控制

分析可能的污染源和污染途径，制订适当的防止化学污染控制计划和控制程序。食品添加剂和食品工业用加工助剂严格按照要求及工艺方法使用，例如浸提法生产的食用油须控制原油中的溶剂残留量。另外食品加工中不添加食品添加剂以外的非食用化学物质和其他可能危害人体健康的物质。

食品在加工过程中有可能产生有害物质的情况，应采取有效措施减低其风险，例如熏制食品、烘烤食品和煎炸食品生产过程中可能会产生苯并［a］芘，腌制菜生产过程会产生亚硝胺类物质等。

清洁过程或生产过程中需要用到的化学品，如清洁剂、消毒剂、杀虫剂、润滑油等应符合要求，在这些外包装上做好明显警示标识，并专库存放，专人保管，须使用时严格按照产品说明书的要求使用，并做好使用记录。

在生产含有致敏物质产品时应与其他产品的生产分开，采用单独的班次进行，有条件的宜使用单独的生产线。含有致敏物质产品的生产顺序应由致敏物质原料的含量决定，按含量从低到高的顺序进行生产。与其他产品的生产共线时，含有致敏物质的产品生产结束后应彻底清洁生产线，与其他产品共用的工器具也应进行彻底清洁。

（四）物理污染的控制

根据不同产品的特性分析可能的污染源和污染途径，建立防止异物污染的控制计划和控制程序。通过设置筛网、捕集器、磁铁、过滤器、金属探测器等措施对异物进行控制，最大限度地降低食品受到玻璃、金属碎片、树枝、石子、塑胶等异物污染的风险。例如饮料生产过程中使用的糖浆应先进行过滤去除杂质，罐头生产前玻璃瓶应倒置冲洗、彻底清除内部的玻璃碎屑等杂质。

接触物料的设备应内壁光滑、平整、无死角，且接触面不与物料反应、不释放微粒及不吸附物料。生产过程中不得进行电焊、切割、打磨等工作，避免产生异味、碎屑。

（五）包装控制

不同食品要注重对包装的类别把握，选取清洁、无毒且符合国家相关规定的包装材料。可重复使用的包装材料，如玻璃瓶、不锈钢容器等，在使用前应彻底清洗，并进行必要的消毒。包装材料或包装用气体应无毒，并且在特定贮存和使用条件下，确保食品在正常的贮存、运输、销售条件下最大限度地保护食品的安全性和食品品质。

在包装操作前，应对即将投入使用的包装材料标识进行检查，避免包装材料的误用，并予以记录，内容包括包装材料对应的产品名称、数量、操作人及日期等。对食品包装过程有温度要求的应在温度可控的环境中进行。

四、终产品的质量控制

“好的产品是生产出来的”。通过使用符合质量要求的原辅料并严格执行工艺操作要求，可以获得符合质量策划要求的终产品。终产品质量控制目的是验证生产过程中一系列质量控制措施组合的有效性。

终产品质量控制主要以检验的方式实施。检验需要明确列出该生产单元终产品应符合的国家强制标准、国家推荐标准、行业标准或备案有效的企业标准，企业应按相关标准组织生产。

发证检验是对企业生产出符合质量标准产品能力的确认，能力确认后方可发证合法生产；出厂检验是针对重要质量指标，在每批产品出厂前实施的验证；监督检验是针对质量标准中所有质量指标在一定周期内（一般半年或一年）实施的验证。

以上 3 种检验方式中，生产企业会根据生产许可发证要求建立自己的出厂检验制度，并为每批产品出具出厂检验报告。发证检验和监督检验必须由生产企业委托有资质的第三方检测检验机构实施，并出具检验报告。生产企业根据自身的运营情况，也可将出厂检验委托给有资质的第三方检测检验机构实施。

在实际实施过程中，要关注以下内容。

（一）终产品质量控制应保障食品安全，实现顾客满意

企业运营的根本目的是通过实现顾客满意而获取经济利益，终产品质量控制直接为此目的服务。有些食品生产中存在保障食品安全与实现顾客满意的冲突，应在质量控制中做好权衡。如熟制水产品加工中，采用高温长时间杀菌工艺会给产品带来更高的食品安全保障，但会劣化水产品的感官特性、降低客户满意度，对于此类情况要做好相关工艺的优化，尽可能在保障食品安全的前提下，将工艺带来的感官劣化降到最低。

（二）检验能力的建设和确认

生产企业自建实验室不仅要配备与检验质量指标相匹配的检验设备设施并做好计量检定和维护保养，还要关注检验人员是否有能力实施检验过程，如检验人员可参加由食品安全监管部门组织的检验能力培训，培训合格后获证上岗。在选择第三方检测检验机构时必须确认机构的检验能力是否被国家相关部门认可，应选择具有中国计量认证（CMA）的检验机构，建议选择被中国合格评定国家认可委员会（CNAS）认可的检验机构。

五、流通过程的质量控制

食品流通过程的质量控制是围绕食品采购、流通加工、运输、贮存、销售等环节进行的管理和控制活动，以保证食品的质量安全。

以下主要介绍流通加工、运输、贮存和销售环节的质量控制要求。

（一）流通加工过程控制

流通加工指的是食品流通过程中的简单加工，包括清洗、分拣、分装、分割、保鲜处理等过程，预包装食品一般不涉及流通加工，食用农产品及散装食品可能会涉及这个过程，例如蔬菜清洗、猪肉根据部位进行分割、水果根据大小进行分级、散装食品大包装分装小包装、采摘的果蔬预冷等。

流通加工应具有相应的硬件设施条件，须根据清洁要求不同对加工间的清洁区和非清洁作业区进行区分，并根据不同食品的特性或工艺需求对作业区的温度、湿度、环境进行不同设置，特别是生鲜肉、禽等这些易腐食品对温度敏感，在畜禽分割过程中对分割间的温度有要求。一般畜类分割间温度应控制在12℃以下，禽类分割间一般应在8～10℃，但畜禽胴体加工间温度控制在28℃以下即可。

流通加工工艺也应根据不同产品的特性进行选择并对工艺参数进行控制，例如畜类一般采用风冷进行冷却，禽类则可选择风冷或水冷方式进行冷却。采收的果蔬应根据其特性选择真空预冷、强制通风预冷或压差预冷中适宜的预冷方式和预冷设施尽快进行预冷。呼吸跃变型水果（如香蕉）或乙烯释放量高的果蔬，宜采用密封式内包装，并于内包装中放置乙烯吸收剂。

另外流通加工涉及的刀具、砧板、工作台、容器、电子秤等工器具及设备应定期进行清洁消毒，避免交叉污染。包装所使用的包材也应根据产品特性选择，果蔬一般选用PVC材质的塑料保鲜膜进行塑封，但油脂含量高的食品应尽量使用PE材质的保鲜膜。

（二）运输过程控制

根据食品的特点和卫生需要选择适宜的运输条件，必要时配备保温、冷藏、冷冻设施或预防机械性损伤的保护性设施等，并保持正常运行。运输食品应使用专用运输工具，并具备防雨、防尘设施，装卸食品的容器、工具和设备也应保持清洁和进行定期消毒。

食品不得与有毒有害物质一同运输，防止食品污染。另外为了避免串味或污染，同一运输工具运输不同食品时，如无法做好分装、分离或分隔，应尽量避免拼箱混运。一般情况下原料、半成品、成品等不同加工状态的食品不混运；水果和肉制品、蔬菜和乳制品、蛋制品和肉制品这些不同种类、不同风险的食品不混运；具有强烈气味的食品和容易吸收异味的食品不混运；产生乙烯气体的食品和对乙烯敏感的食品（如苹果和柿子）不混运。

运输装卸前应对运输工具进行清洁检查，有温度要求的食品在装卸前应对运输工具进行预冷，使其温度达到或略低于食品要求的温度，装卸过程操作应轻拿轻放，避免食品受到机械性损伤，同时应严格控制冷藏、冷冻食品装卸货时间。如没有封闭装卸口，箱体车门应随开随关，装卸货期间食品温度升高幅度不超过 3 ℃。冷冻冷藏食品与运输设备箱体四壁应留有适当空间，码放高度不超过制冷机组出风口下沿以保证箱体内冷气循环。

运输途中，应平稳行驶，避免长时间停留，避免碰撞、倒塌引起的机械损伤。冷冻冷藏食品运输途中不得擅自打开设备箱门及食品的包装，控温运输工具应配备自动记录装置，显示并记录运输过程中箱体内部温度，箱体内温度应始终保持在冷冻冷藏食品要求的范围内，冷冻食品运输过程中最高温度不得高于 –12 ℃，但装卸后应尽快降至 –18 ℃以下。

卸货区宜配备封闭式月台，冷冻冷藏食品应配有与运输车对接的门套密封装置。卸货时应轻搬轻放，不能野蛮作业任意摔掷，更不能将食品直接接触地面。冷冻冷藏食品卸货前应检查食品的温度，符合要求方能卸货。卸货期间，食品中心温度波动幅度不应超过其规定温度的 ±3 ℃。卸货完成后应及时对箱体内部进行清洗、消毒，并在晾干后关闭车门。

（三）贮存过程控制

贮存场所保持完好、环境整洁，与粪坑、暴露垃圾场、污水池、粉尘、有害气体、放射性物质和其他扩散性污染源等有毒、有害污染源有效分隔。贮存场所地面应使用硬化地面，并且平坦防滑并易于清洁、消毒，并有适当的措施防止积水。贮存场所还应有良好的通风、排气装置，保持空气清新无异味，避免日光直接照射。贮存设备、工具、容器等应保持卫生清洁，并采取有效措施（如纱帘、纱网、防鼠板、防蝇灯等）防止鼠类、昆虫等侵入。

对温度、湿度有特殊要求的食品，应设置冷藏库或冷冻库，例如生鲜肉应贮存于 0 ~ 4 ℃，相对湿度 85% ~ 90% 环境下；冷冻肉应贮存于 –18 ℃以下，相对湿度 90% ~ 95% 环境下。冷库门配备电动空气幕或塑料门帘等隔热措施。库房应设置监测和控制温湿度的设备仪器，监测仪器应放置在不受冷凝、异常气流、辐射、震动和可能冲击的地方。为确保库房制冷设备运转，应定期监测库房温度是否符合贮存食品温度要求，并对制冷设备进行维护，定期对库房进行除霜、清洁和维修。

食品要离墙离地堆放，一般离墙离地 10cm 左右，防止虫害藏匿并利于空气流通。食品贮存应遵循先进先出的原则，对贮存的食品按食品类别采取适当的分隔措施，做好明确标识，防止串味和交叉污染。不同库存放生鲜食品和熟产品，不同库存放具有强烈挥发性气味和腥味的食品，专库存放清真食品，预包装食品与散装食品原料分区域放置，散装食品贮存在食品级容器内并标明食品的名称、生产日期、保质期等标识内容。

库房内严禁对贮存的食品进行切割、加工、分包装、加贴标签等行为。另外库房内宜设置专门区域存放报废或临近保质期食品，并做好区域标示。定期对库存食品进行检查，及时处理变质或超过保质期的食品。

（四）销售过程控制

食品销售应具有与经营食品品种、规模相适应的销售场所，且销售场所应远离垃圾场、公用旱厕、有害气体、粉尘、污水等污染源。销售场所须有照明、通风、防腐、防尘、防虫害和消毒的设备设施，在食品的正上方安装照明设施应使用防爆型照明设备。销售场所应当进行合理的布局，食品销售区域与非食品销售区域分开设置，食品不得与其他非食品混放。食品销售区要合理布局，生食区域与熟食区域分开，待加工食品区域与直接入口食品区域分开，经营水产品的区域应与其他食品经营区域分开等。总之，各区域要按照食品的存储条件及食品自身特点布局，防止交叉污染。同时在食品经营场所应配备设计合理、防止渗漏、易于清洁的废弃物存放专用设施，必要时应在适当地点设置废弃物临时存放设施，在废弃物存放设施和容器应上做好清晰标识，并及时处理废弃物。

食品销售应具有与经营食品品种、规模相适应的销售设施和用具。与食品表面接触的设备、工具和容器，应使用安全、无毒、无异味、防吸收、耐腐蚀、不易发霉、表面平滑且可承受反复清洗和消毒的材料制作，易于清洁和保养。

食品在销售过程中，不得直接落地码放，同一产品应集中放置于货架上或指定陈列地点，食品陈列区不得存放衣物、药品、化妆品等私人物品。

肉、蛋、乳、速冻食品等容易腐败变质的食品应摆放在冷柜中陈列销售，陈列时不能超过冷柜的负载线，不能堵住出风口，更不能将商品摆放在陈列柜的回风口处。冷藏陈列柜的敞开放货区不能受到阳光直射，不能受强烈的人工光线照射，更不能正对加热器。定期对冷柜温度进行监控，在非营业时间进行除霜作业，保证冷藏设施正常运行。

销售散装食品时，散装食品必须有防尘材料遮盖，设置隔离设施以确保食品不能被消费者直接触及，设置消费者禁止触摸标识，在散装食品的容器、外包装上标明食品的名称、成分或者配料表、生产日期、保质期、生产经营者名称及联系方式等内容，确保消费者能够得到明确和易于理解的信息。散装食品标注的生产日期应与生产者在出厂时标注的生产日期一致。同时在经营过程中包装或分装的食品，不得更改原有的生产日期和延长保质期。包装或分装食品的包装材料和容器应无毒、无害、无异味，应符合国家相关法律法规及标准的要求。

六、餐饮过程的质量控制

餐饮过程覆盖了前文所述的采购、贮存、加工、物流（配餐、配送）过程，在质量控制方面与前文有重复之处，以下内容主要针对其过程特点展开讨论。

（一）餐饮业态复杂

餐饮过程属于食品经营许可范围，普通餐饮、中央厨房、集体用餐配送单位、饮品店、糕点房和单位食堂均为须经经营许可的含餐饮过程业态。与食品生产过程相比，餐饮过程属于服务业，对人员依赖程度高、规模参差不齐、原辅料复杂、加工过程多样且总体标准化水平低，食品安全风险引入的可能性高。

将餐饮企业的质量管理分为服务管理、菜品管理、顾客关系管理、突发事件应急管理、培训教育管理 5 个部分，凸显了餐饮企业的服务属性，此处内容重点讨论与食品相关的质量控制。

（二）原料品种多样

餐饮过程涉及的原料有初级农产品、加工品，除了常见的果蔬肉类，还有一些自制或地方特色风味原料。这些特殊原料在给消费者带来感官享受的同时，也带来了新的食品安全的风险。首先，原料来源不明晰，其种植、养殖过程可能存在被环境污染物污染的风险；其次，采购途径不正规，餐饮店存在未定点采购的情况，且可能从流动摊贩处购买原料，无验收过程。

餐饮相关企业应建立索证和定点采购制度，制定供应商评价制度，索证索票应符合要求；上规模餐饮企业应制定验收规范，按规范进行验收，及时处置不合格原料；应有专人管理原料或半成品的存储和进出库，做好标识，建立物资台账，执行先进先出原则；不得向顾客提供超出保质期的食品；菜品制作使用食品添加剂时，应采购符合要求的食品添加剂，并合规使用。

（三）异物控制困难

餐饮相关企业受服务方式和经营场地限制，存在大量人流、物流交叉的机会，因此物理异物风险高于食品加工企业，这也是餐饮服务中经常被消费者投诉的问题点。

为减少异物风险，对进入后厨的原料及时清洗处理，防止清洗污水、垃圾污染清洁后的原料；在后厨加工区应对相关工器具、物料定点定位存放，专物专用，做好工器具维护保养，及时处置破损工器具；食品原辅料、调味料应加盖防护，定期清洁隔板、橱柜，防止异物、灰尘在表面沉积，造成餐具、物料污染；工作人员应穿着相应的工作服，减少人流，加强私人物品管理；上菜和传菜过程做好防护，出菜前目视检查；做好前厅和后厨的虫鼠害控制，减少虫鼠害对菜品影响的可能性。

（四）防止交叉污染

餐饮过程中即食与非即食食物、清洁与非清洁表面的交叉污染是风险防控的重点。餐饮过程可分为热加工和冷加工区，交叉污染造成的致病微生物风险在热加工区域低于冷加工区域。为保证食材的新鲜度，对其贮存的温度也提出了更高的要求。在冷藏和冷冻柜中，也存在即食与非即食食物交叉污染的风险。

在存在热加工和冷加工菜品的餐饮企业，冷加工区必须独立封闭并有良好的温度控制措施，并对操作工的洗手等清洁卫生要求更高，应做到专间专用、专人操作。在冷藏和冷冻设备不足的情况下，要规划好生、熟食物的存贮空间，防止生物料跑冒滴漏造成的交叉污染。

第四节 食品质量控制过程的管理

事实上，没有证据表明广泛的实施控制活动会有益于提高产品质量，关键是控制活动是否有效。在这里，将会讨论管理控制过程有效控制的要求，同时也会讨论组织中成本和利益的控制。

一、有效控制

控制必须谨慎地运用，以便取得好的结果。有效控制系统必须与计划整合为一体，同时应注意到灵活性、精确性、及时性等。

（一）与计划整合为一体

控制应当与计划过程整合为一体。特别是确定的目标应当很容易转化为绩效评估的标准，这些标准可反映出计划被执行的情况。

（二）灵活性

灵活性是发展有效管理控制系统中的重要的因素，它使企业在商业环境中及时应对变化。在愈复杂、愈多变的商业环境中，控制系统应该具有更大的灵活性。如果在生产过程中或在所需数量的供应资源上发生变化，例如由于新技术或消费者的要求出现变化，控制必须具有足够的灵活性以适应这种变化。

（三）准确性

控制系统只有在其依赖的信息包括信息的来源上准确的时候才有用。如果质量控制系统中，生产工人有机会掩盖产品缺点，那么潜在的误差会使控制系统毫无用处。因为此时控制系统所应该具备的准确性测量和报告已不复存在，控制就谈不上有效。

（四）及时性

有效的控制系统能及时提供所需要的信息。一般而言，环境条件越不确定，越需要经常获取信息。

（五）客观性

为了保证有效，控制系统必须提供客观的信息，并且对所获信息进行评估。客观地控制有关的信息要求并对所得到的信息进行评估，并不是简单地报告发生了多少缺陷，而是分析缺陷是怎样发生的。在实际生产中，存在对控制活动的抗性。抗性存在的一般原因在于控制过度，不适当地加紧控制（控制系统不应致力于对有意义的相关事件进行控制），此种控制的回报往往是无效的。为了克服对控制的抗性，应该通过精心计划创造一种有效的控制，鼓励雇员参与，将组织的目的变成个人的目的。除此之外，必须对系统进行检查和权衡，为控制决策提供信息和资料。通常工人们必须接受有关控制的目的和功能的教育，并明确他们本身的活动与控制目的的关系。

基于控制系统的基本元素，系统不能够有效运行的主要原因如下。

①雇员抵抗控制的高发生率。

②符合控制标准的部门不能够达到整体要求和目的。

③增加控制并不能改善绩效。

④现存的控制标准已经过时。

⑤机构在销售、利润和市场份额上的损失。

二、组织控制的形式

管理者对于控制通常有 2 个观点，即内部控制和外部控制。管理者所依靠的是那些的确能够自我控制行为的人。这个策略对于内部控制而言，允许激励个人和班、小组锻炼自我约束力，以完成所期望的工作。管理者也可以采取直接的行动以控制其他人的行为。外部控制是利用个人监督和正式的管理系统进行管理。有效控制的组织通常有同时利用以上 2 种方式的优势。然而现在倾向于增加内部或自我控制，这与着重强调参与、授权的观点相一致，并且与工作地点有关。

两类控制类型典型的特点，分别称作僵化控制（外部）和有机的控制（内部，自控）。

（一）僵化控制

僵化控制是通过正式的、机械的、结构化的安排，试图对整个企业的功能进行控制。它试图通过严格、僵化的管理，简明的原则和程序得到雇员首肯，它对系统的回报是使雇员遵从已经实施或已经编写好的行为规范。

（二）有机的控制

有机的控制是试图通过依赖非正式的组织结构安排调控整个组织的机能。它试图刺激有能力的雇员积极参与，而不是制定严格的行为准则。组织的控制依赖于自我控制和非正式的小组活动创造有效的、宽松的、重点突出的工作环境。

值得注意的是，大规模的组织是由几个部门组成的，它们选择僵化控制还是有机控制在很大程度上都有所不同。例如如果生产部门面临的是比较固定的环境，而市场部门则面临的是经常变化的环境，2 个部门的管理者就会选择不同的管理方法进行分工和合作。

僵化控制和有机控制的对比类似于传统控制模式和基于质量的控制模式，基于质量的控制更多的是以有机的控制为基础。传统的方法不包括培训工人。管理者检验生产的结果，不符合规格的产品的出现会导致工人受到处罚。与之相比较，基于质量的控制模式包括了对工人的培训。工人监督生产过程，不符合生产要求的结果出现，其结果是对系统进行修正。

全员参与被认为是种类管理的重要组成部分，也就是说从产品的设计到最后包装的每一个过程都有雇员参与。这一点可以通过以下的方法得以实现。

①领导开明并支持下属的工作。

②将质量责任从控制部门和检验者身上转移到生产雇员身上。

③建立高道德素质的组织。

④利用已有的手段，如质量环。

所有这些手段都与授权的理念相一致。同样的理念还用于雇员对设备的保养维护，应该把设备看成自己的。要做到这一点，需要对雇员进行培训，并将技术部门的知识传授给操作者。维护原则和技术一旦确定，强调的应该是雇员能够接受这种责任并且能够做这种维护。

在食品企业中，对分权管理是有所限制的。因为有些特殊的检测必须在实验室内进行，无法在工作线上完成。在决定是现场还是在实验室进行检测时，关键是看实验室特殊检测是否值得花费时间和以中断生产而得到数据结果为代价。倾向于现场检测的理由是能够快速做出决定和避免外界因素的介入。另外，特殊的设备和检测环境条件都不利于进行实验室检测。许多食品公司都依靠操作者的自身检验，即在源头对错误进行自我纠正。

三、控制的成本和效益

与所有的组织活动一样，如果控制所带来的收益要超出其成本的支出，那么控制活动可以继续进行下去。

管理者在选择组织控制的程度时必须考虑收益与成本的折中。如果控制程度过低，成本超出收益，组织控制就无效。当控制程度加大时，有效性也会增加到一定值。在这个点以下，进一步增加控制程度会导致有效性降低。例如组织可通过加强终产品检验而获益，降低已装载货物中次品出现的数量。然而，好的取样程序就可以检测到缺陷批次，更多的检验只能引起损失。

参考文献

[1] 黄玉坤，陈祥贵 . 食品安全与检测 [M].2 版 . 北京：中国轻工业出版社，2022.

[2] 王涛 . 食品安全管理体系构建及检验检测技术研究 [M]. 郑州：郑州大学出版社，2022.

[3] 张勇，杨静，高婷婷 . 食品检验技术与质量控制 [M]. 汕头：汕头大学出版社，2022.

[4] 邹小波，赵杰文，陈颖 . 现代食品检测技术 [M].3 版 . 北京：中国轻工业出版社，2021.

[5] 严晓玲，牛红云 . 食品微生物检测技术 [M]. 北京：中国轻工业出版社，2021.

[6] 周艳华，胡金梅，李涛 . 食品快速检测技术 [M]. 北京：中国纺织出版社，2021.

[7] 冯志强，庄俊钰 . 食品快速检测理论与实训 [M]. 北京：中国计量出版社，2021.

[8] 张根岭 . 食品理化检测 [M]. 北京：中国轻工业出版社，2021.

[9] 张磊 . 食品微生物检测 [M]. 北京：中国轻工业出版社，2021.

[10] 周艳华 . 食品快速检测技术 [M]. 北京：中国纺织出版社，2021.

[11] 尹凯丹，万俊 . 食品理化分析技术 [M]. 北京：化学工业出版社，2021.

[12] 魏强华 . 食品生物化学与应用 [M].2 版 . 重庆：重庆大学出版社，2021.

[13] 张冬梅 . 系列食品安全与质量控制技术 [M]. 北京：科学出版社，2021.

[14] 黎春红 . 食品分析实验指导 [M]. 长沙：中南大学出版社，2021.

[15] 孙月娥 . 食品安全学 [M]. 北京：中国纺织出版社，2021.

[16] 王忠合 . 食品分析与安全检测技术 [M]. 北京：中国原子能出版社，2020.

[17] 李云辉，艾丹，叶诚 . 食品检测与分析 [M]. 北京：九州出版社，2020.

[18] 陶程 . 食品理化检测技术 [M]. 郑州：郑州大学出版社，2020.

[19] 黄艳青，左广成 . 食品微生物检测 [M]. 北京：中国农业大学出版社，2020.

[20] 张民伟 . 食品质量控制与分析检测技术研究 [M]. 西安：西北工业大学出版社，2020.

[21] 章宇 . 现代食品安全科学 [M]. 北京：中国轻工业出版社，2020.

[22] 钟耀广 . 食品安全学 [M].3 版 . 北京：化学工业出版社，2020.01.

[23] 高海燕，李文浩 . 食品分析实验技术 [M]. 北京：化学工业出版社，2020.

[24] 周建新，焦凌霞 . 食品微生物学检验 [M]. 北京：化学工业出版社，2020.

[25] 李凤梅 . 食品安全微生物检验 [M]. 北京：化学工业出版社，2020.

[26] 钱和，王周平，郭亚辉 . 食品质量控制与管理 [M]. 北京：中国轻工业出版社，2020.

[27] 苏来金 . 食品安全与质量控制 [M]. 北京：中国轻工业出版社，2020.